식물이라는 세계

지은이 **송은영**

시간의 흐름에 따라 변화하는 식물을 관찰하고 그 모습을 그림으로, 글로 남기는 것이 일상인 식물세밀화가. 식물세밀화를 통해 인생을 이야기하는 작가이기도 하다. 사람들이 각자의 인생사를 가지고 있듯이 각각의 식물이 가진 이야기를 귀 기울여 듣고 그 이야기를 담아 식물의 초상화를 그리고 있다.

현재 보태니컬아티스트 '미쉘'이라는 필명으로 활동하며 본인의 작업실에서 제자들에게 보태니컬아트를 가르친다. 세계적으로 가장 오래된 전통을 자랑하는 영국 SBAThe Society of Botanical Artists의 한국인 최초 정회원인 SBA Fellow로 한국과 영국을 오가며 왕성한 작가 활동을 하고 있다. 더웬트상, 스트라스모어상 등 국내외 수상 경험 다수. 저서로는 『기초 보태니컬 아트』, 『기초 보태니컬 아트 컬러링북』, 『매거진 G: 2호』, 『식물세밀화가가 사랑하는 꽃 컬러링북』 등이 있으며 번역서로는 『보태니컬 아트 대백과』가 있다.

인스타그램 botanicalartist_michelle

식물이라는 세계

송은영 지음

식물세밀화가가 43가지 식물에게 배운
놀라운 삶의 지혜

RHK
알에이치코리아

양버즘나무

종이에 색연필,
51.3×36.2cm

기본 정보

학명 *Platanus occidentalis* L.
영명 American sycamore
분포 지역 북아메리카 원산, 한국
서식지 토심이 깊고 배수가 양호한 사질양토
개화 시기 4~5월
꽃말 천재

꽃양배추

—
종이에 색연필,
51.3×36.2cm

기본 정보

학명	*Brassica oleracea* var. *acephala*
영명	Ornamental cabbage, Ornamental kale
분포 지역	유럽, 아시아
서식지	밭, 공원
개화 시기	5~6월
꽃말	축복

기본 정보

학명	*Papaver rhoeas* L.
영명	Red poppy
분포 지역	아시아의 온대 지역, 유럽
서식지	온대 지역
개화 시기	5~6월
꽃말	덧없는 사랑

개양귀비

종이에 색연필,

54.8×74.8cm

맨드라미

종이에 색연필,
74.8×54.8cm

기본 정보

학명 *Celosia argentea* var. *cristata*
영명 Cockscomb
분포 지역 아시아
서식지 열대 지역
개화 시기 7~8월
꽃말 영생, 시들지 않는 사랑

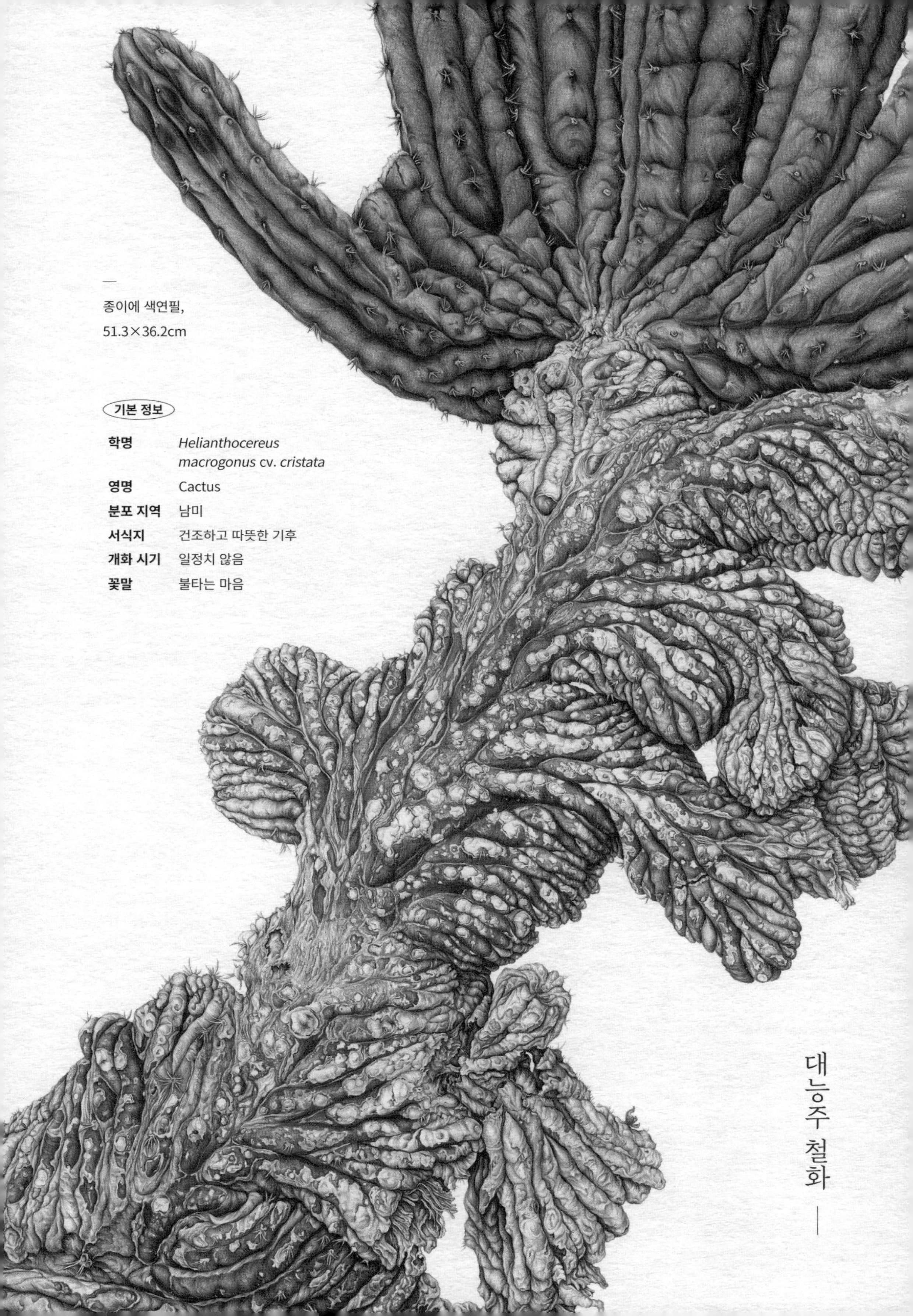

—

종이에 색연필,
51.3×36.2cm

기본 정보

학명	*Helianthocereus macrogonus* cv. *cristata*
영명	Cactus
분포 지역	남미
서식지	건조하고 따뜻한 기후
개화 시기	일정치 않음
꽃말	불타는 마음

대능주 철화

백당나무

기본 정보

학명 *Viburnum opulus* L. var. *sargentii* (Koehne) Takeda

영명 Ibota Privet

분포 지역 한국

서식지 산지의 습한 곳

개화 시기 5~6월

꽃말 마음

종이에 색연필,
51.3×36.2cm

—

종이에 수채,

58×38cm

마른 연잎

기본 정보

학명	*Nelumbo nucifera* Gaertn.
영명	Lotus
분포 지역	동아시아, 남아시아, 오스트레일리아, 북아메리카
서식지	호수, 연못
개화 시기	7~8월
꽃말	깨끗한 마음

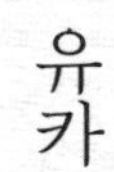

유카

기본 정보

학명 *Yucca gloriosa* L.

영명 Glorious yucca, Lord's candlestick

분포 지역 북아메리카, 한국(식재)

서식지 원산지에서는 바닷가 모래 언덕

개화 시기 6월, 9월

꽃말 위험

—

종이에 색연필,

74.8×54.8cm

터번 호박

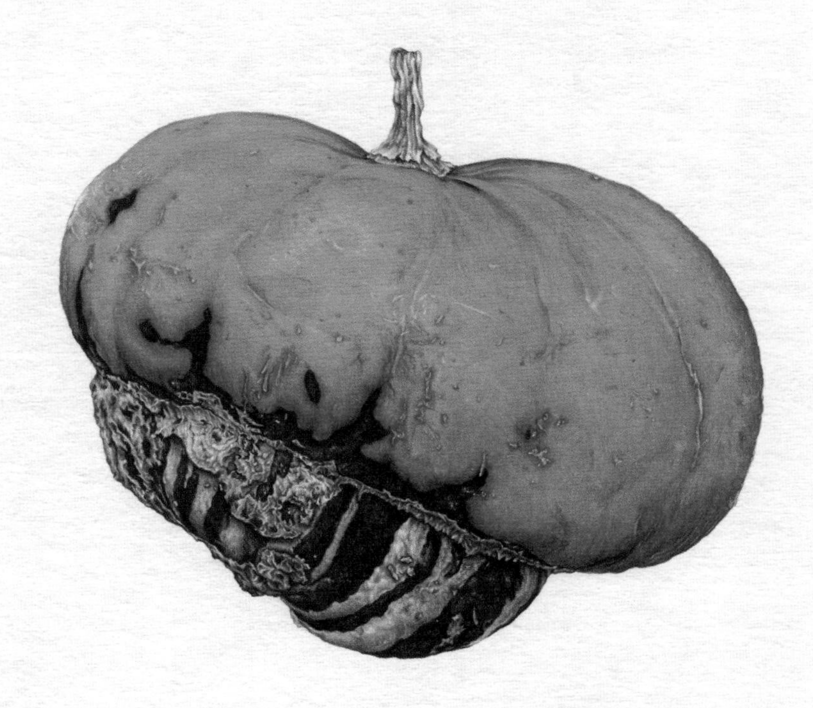

기본 정보

학명 *Cucurbita maxima*
영명 Turban squash, Turk's turban
분포 지역 미국 북동부
서식지 충분히 더운 날씨
개화 시기 6~10월
꽃말 포용

종이에 색연필,
29.7×42cm

애프리콧 패럿 튤립

종이에 색연필,
29.7×42cm

기본 정보

학명 *Tulipa hybrida*
영명 Apricot parrot tulip
분포 지역 유럽
서식지 배수가 잘되는 곳
개화 시기 4~5월
꽃말 사랑의 고백

종이에 색연필,
29.7×42cm

시들어가는 독일붓꽃

기본 정보

학명 *Iris germanica* L.
영명 German Iris, Bearded Iris, Common Flag, Rhizomatous Iris
분포 지역 유럽, 아메리카
서식지 초원, 숲, 습지 등
개화 시기 4~5월
꽃말 기쁜 소식, 선물

시들어가는 장미

종이에 수채,
37×37.5cm

기본 정보

학명 *Rosa hybrida*
영명 Rose
분포 지역 북반구의 한대·아한대·온대·아열대
서식지 물 빠짐이 좋고 비옥한 사양토나 양토
개화 시기 5~9월경
꽃말 사랑

—

종이에 수채,
36×50.7cm

시들어가는 튤립

기본 정보

학명	*Tulipa gesneriana* L.
영명	Tulip
분포 지역	전 세계(식재)
서식지	배수가 잘 되는 곳, 정원과 화단
개화 시기	4~5월
꽃말	사랑의 고백

차례

들어가며

식물은 우리 주변에 흔해서 그저 지구의 붙박이로 느껴지기도 한다. 그래서 더 평상시 자세히 들여다보기 쉽지 않다. 하지만 식물세밀화를 그리기 위해서는 식물을 주도면밀하게 관찰하며 공부해야 한다. 씨앗에서 새순이 나고, 꽃이 피고, 열매를 맺기까지의 모습을 시간을 갖고 지켜보고, 때로는 직접 키우며 식물의 사계절을 확인한다. 식물의 생애 자체에 관심을 갖고 살아온 지 십여 년. 식물세밀화가로 살아오며 이루고 싶은 소중한 꿈이 하나 있었다. 알면 알수록 보면 볼수록 감탄사를 연발하게 만드는 식물이라는 세계를 적극적으로 사람들에게 전하고 싶었다.

인간보다 훨씬 더 오래 지구에 머물며 극변하는 환경에서도 끊임없이 진화하고 적응해온 놀라운 식물계에 큰 변화가 닥치고 있다. 최근 브라질의 한

대학교에 있는 생태학과 연구팀에서 세계적인 학술지인 「네이처Nature」에 의미심장한 연구 결과를 발표했다. 6500만 년 동안 지구의 허파 역할을 해온 아마존의 생태계가 2050년에 급격한 대붕괴가 예측된다는 것이다. 오랜 세월 동안 이뤄진 기후 변화에도 생태계 복원력을 유지해온 아마존이 지구 온난화, 산림의 무분별한 벌채, 화재와 극심한 가뭄의 반복으로 현재 25% 이상 훼손되었다. 이런 상태가 지속되면 2050년에는 아마존 열대우림의 47%가 황폐화된다고 한다. 지구의 허파로 불리며 지구의 20%나 되는 산소를 담당해온 아마존의 파괴는 지구상에 있는 모든 생명이 파멸되는 시작점이다. 다가오는 재앙을 어떻게 막을 수 있을까? 그 해답을 그림 속 주인공인 먹물버섯에게서 찾아본다.

그림 속 주인공은 식물처럼 보이지만 균류인 먹물버섯이다. 버섯은 땅속으로 무수히 많은 실 모양의 균사를 퍼트려 다양한 나무뿌리와 공생관계를 맺는다. 버섯은 나무뿌리를 감염 미생물로부터 지켜내고 수분과 양분의 이동을 돕는다. 나무는 스스로 광합성을 못 하는 버섯에게 당분을 제공한다. 버섯과 나무의 관계를 들여다보면서 과연 인간과 식물은 어떤 관계인가 생각해보게 된다. 저 작은 버섯도 지구상의 다른 존재와 함께 살아갈 방법을 알고 있는데 과연 우리는 어떠한지…. 흔하게 마주할 수 있다고 식물의 살아 있음을 잊고 산 것은 아닌지…. 이 책 속에 등장하는 치열하고 능동적인 식물의 삶의 모습을 자세히 들여다보고 숨결을 느껴보는 계기가 되길 바란다. 그리고 우리가 그들의 삶을 지켜내는 것이 결국 인간의 삶을 지키는 것이며 더 나아가 지구를 지켜내는 것임을 깨닫는 작지만 소중한 기회가 되기를….

마지막으로 2년간 이 책을 준비하는 동안 곁에서 많은 응원과 도움을 주신 알에이치코리아 양원석 대표님과 차선화 팀장님께 감사를 전한다. 덕분에 판화라는 새로운 장르에 대한 도전도 해보며 재미난 여행을 하듯 시간을 보냈다. 항상 기도해주시고 응원해주신 부모님과 사랑하는 내 동생 은미, 정현, 재혁에게도 깊은 감사를 전한다. 묵묵히 가야 할 길을 걸으며 지금에 이르기까지 이끌어 주신 주님께도 진심으로 감사드린다.

식물세밀화가 송은영

종이에 연필,
35.7×43.2cm

먹물버섯

기본 정보

학명 *Coprinus comatus* (Muell. ex Fr.) S. F. Gray
영명 lawyer's wig, shaggy ink cap, shaggy mane
분포지 한국, 일본, 중국, 시베리아, 북아메리카, 오스트레일리아, 아프리카
서식지 유기질 비료분이 많은 부식토
발생 시기 봄에서 가을

43가지 식물들의
생애 이야기

1

7년의 기다림

얼레지

겨울이 지나 코끝에 스치는 바람이 조금씩 부드러워질 때가 다가오면 용인에 있는 한택식물원에 간다. 식물원에 들어가자마자 내 두 눈은 뭐라도 떨어뜨린 사람처럼 땅바닥을 유심히 쳐다보기 시작한다. 긴 겨울 끝에 보고 싶었던 땅꼬마를 발견하면 금은보화를 찾은 듯 환호성을 지르며 바닥에 철퍼덕 주저앉는다. 바지에 흙이 묻는 것도 신경 쓰지 않고 땅꼬마를 관찰하기에 바쁘다. 나만의 금은보화는 바로 대지 위에 바짝 붙어 자라난 '얼레지'다.

얼레지는 대지 위 쌓인 눈이 녹자마자 일찍 피어나는 초봄의 식물이다. 키 큰 나무들이 우거져 햇빛을 가리면 숲 바닥에서 자라는 얼레지처럼 키가 작은 식물들은 생장에 위협을 받기 때문에 숲속 나무들이 우거지기 전에 짧은 시간 동안 생활사를 마쳐야 한다. 이러한 초본식물들은 봄살이식물, 초봄식물, 또는 춘계단명식물spring ephemeral이라 불린다.

얼레지 Dog-tooth Violet

Erythronium japonicum (Balrer) Decne.

수제 종이에 펜과 잉크, 10×15cm

기본 정보

학명

Erythronium japonicum (Balrer) Decne.

영명

Dog-tooth Violet

분포 지역

한국, 일본, 중국

서식지

높은 지대의 비옥한 땅

개화 시기

4~5월

꽃말

슬퍼도 견딤, 겸손, 첫사랑, 질투

관련 단어

#봄살이식물
#초봄식물 #춘계단명식물
#허니가이드 #넥타가이드
#엘라이오솜 #개미씨앗퍼트리기

얼레지는 길이 6~12cm, 폭 2.5~5cm 정도의 긴 타원형 잎을 가지고 있다. 잎 가장자리는 밋밋하고 약간 주름진 녹색 잎몸에 자주색 얼룩 무늬가 있다. 잎은 2개가 나와 수평으로 땅에 붙어 퍼진다. 25cm 정도의 꽃대가 올라오면 그 끝에서 1개의 꽃이 땅을 바라보며 달린다. 얼레지는 길이 5~6cm, 폭 0.5~1cm 정도의 큼지막한 6개의 보라색 꽃잎을 가지고 있다. 햇빛이 비치면 모든 꽃잎들이 완전히 뒤로 젖혀져 활짝 피어나고, 햇빛이 없는 날은 종일 꽃잎이 닫힌 채로 지낸다. 활짝 피어난 꽃잎 안쪽에는 자주색의 알파벳 더블유(W)를 닮은 무늬가 있는데, 이 무늬가 마치 개의 뾰족한 원뿔 모양 이빨을 닮았다고 해서 얼레지의 영명은 Dog-tooth Violet이다.

이 더블유 무늬는 꽃가루 매개자를 위한 일종의 이정표다. 얼레지 꽃 안쪽 깊숙이 자리한 달콤한 꽃꿀이 있는 '꽃의 꿀길'을 꽃가루 매개자에게 알려주어 허니 가이드honey guide, 넥타 가이드nectar guide라고 불린다. 허니 가이드는 꽃과 꽃가루 매개자들 간의 중요한 약속이며, 꽃이 꽃가루 매개자를 통해 번식하기 위한 중요한 수단이다. 허니 가이드를 본 곤충들은 꿀을 얻을 수 있는 착륙 장소임을 알아보고는 꽃에 무사히 착륙한다. 꽃가루 매개자는 허니 가이드를 따라 꽃 안쪽 깊숙이 이동하며 꽃가루를 몸 여기저기에 묻히고 꿀을 먹은 뒤 다른 꽃으로 이동해 얼레지의 수정을 돕는다.

번식을 위한 얼레지의 전략은 여기에서 그치지 않는다. 얼레지는 1개의 암술과 6개의 수술이 있는데, 이 수술들은 서로 다른 길이를 지니고 있다. 3개의 짧은 수술과 3개의 긴 수술이 각기 다른 높이로 자라는 이유는 꽃가루 매개자의 몸에 좀 더 많은 꽃가루를 묻게 하기 위함이다.

얼레지는 씨앗이 준비되면 멀리 퍼트릴 묘책을 세운다. 씨앗 끝에 엘라이오솜Elaiosome이라는 물질을 붙여서 개미들이 부지런히 자신의 열매를 가지고 이동하게 만든다. 엘라이오솜은 개미 유충에게 좋은 영양분을 많이 포함하고 있기 때문에 개미는 씨앗을 들고 집으로 이동한다. 그리고 유충들에게 엘라이오솜을 먹인다. 쓸모가 없어진 얼레지 씨앗은 땅 속 개미집 쓰레기장으로 내다버려진다. 이것을 흔히 개미 씨앗 퍼뜨리기myrmecochory라고 하는데, 이렇게 땅 속에 버려진 얼레지 씨앗은 종자를 먹는 동물로부터 안전하게 자신을 보호하며 땅 속 깊은 곳에서 발아를 준비한다.

꽃을 피우기까지 어두운 땅 속에서 7년을 기다림으로 보낸 얼레지는 초봄에 피어나 2주간의 짧은 생활사를 마치고 긴 휴면에 들어간다. 동면을 하며 매년 봄에 새로운 꽃을 피우는 여러해살이풀인 얼레지의 꽃말이 '슬퍼도 견딤'인 이유는 땅 속에서 길고 긴 7년의 기다림 끝에 '마침내' 피어나 짧은 초봄을 즐기지만, 매년 피어날 수 있음에 슬퍼도 견뎌내는 얼레지의 생애를 알고 쓴 말인지도 모르겠다.

얼레지의 이런 모습은 마치 불교에서 승려들이 음력 10월 보름부터 정월 보름까지 외출을 금하고 수행에 힘쓰는 동안거冬安居처럼 느껴진다. 얼레지에게 암흑 속 7년의 기다림은 매년 찬란한 짧은 봄을 맞이하기 위해 슬퍼도 견뎌야 하는 수행의 시간처럼 보인다. 여름철에 힘차게 울어대는 매미는 어떤가? 땅속에서 나무뿌리의 수액을 먹으며 최장 7년 동안 유충으로 지내다가 한 달 남짓 종족 번식을 위해 나무 위에서 합창하다 사라지는 매미 역시 얼레지의 생애와 닮아 있다.

돌이켜보면 얼레지가 암흑에서 보낸 7년의 기다림은 작업실의 차디찬 바닥에서 먹고 자며 6년을 보낸 나의 30대와도 참 닮아 있다. 대학교에서 컴

퓨터공학을 전공한 나는 돌고 돌아 30대 초반에야 그림을 시작했다. 그림에 미쳐서 6년 동안 작업실에서 거의 살다시피 했다. 지금도 해야 할 작업이 많을 때는 보름 정도 가뿐히 작업실에서 한 발짝도 나가지 않고 은둔자 생활을 한다. 그 덕분에 20대에 마음속에 꿈꿨던 5가지 꿈을 16년 만에 다 이룰 수 있었다.

약 138억 년이라는 우주의 나이에 비해 100년도 채 안 되는 생활사를 지닌 인간의 삶도 초봄에 2주간 피어나 짧은 생애를 마치는 얼레지와 닮아 있다. 이 짧은 인간사에서 과연 인간은 얼레지 같은 삶의 지혜와 인내심을 지니고 있는지 진득하니 앉아 생각해 보게 된다. 즉흥적이고 빠른 결과를 바라는 지금과 같은 세상에서 나만의 무언가를 이루기 위해 긴 시간을 마땅히 여길 준비가 되어 있는가? 남들은 몰라주는 시간을 스스로 묵묵히 참아내고 자신의 일에 몰입하며 기다리다 보면 얼레지처럼 멋진 꽃을 피워낼 수 있지 않을지…. 바쁜 세상사에 쫓기며 사는 지금의 우리에게 필요한 것은 동안거의 시간일지도 모르겠다.

2

생각하는 구슬
모감주나무

충남 태안에는 매우 아름답고 독특한 수목원이 있다. 보통의 수목원들과는 달리 바닷가 옆에 있는 천리포수목원이 그곳이다. 나는 천리포수목원의 남다른 매력에 빠져 매 계절 방문한다. 바다도 좋아하고 식물도 좋아하는 나에게는 일석이조인 셈이다. 여느 때처럼 천리포수목원의 식물들에게 빠져들어 한참을 헤매다가 수목원을 나오는 길에는 눈이 부실 만큼 보석처럼 반짝이는 윤슬이 가득한 천리포 바다를 만나게 된다. 그것도 잠시, 수상한 느낌이 들어 고개를 돌려보니 톡톡 터진 열매 사이로 까만 종자들이 수두룩한 모감주나무가 순식간에 눈길을 빼앗는다. 바닷가 옆 수목원에서 볼 수 있는 진귀한 만남이다.

7월에 피어나는 모감주나무꽃은 25~35cm 크기의 전체적으로 커다란 원뿔 모양의 꽃송이가 가지 끝에 달린다. 원뿔 모양의 거대한 꽃을 자세히 살

모감주나무 열매The fruit of Goldenrain tree

Koelreuteria paniculata Laxmann

종이에 연필, 17.7×17.7cm

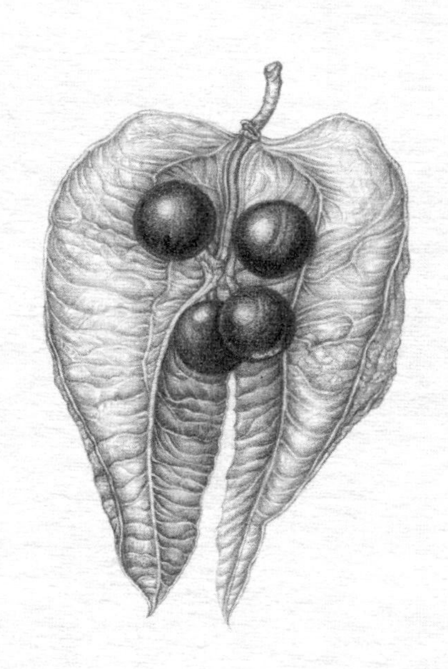

기본 정보

학명

Koelreuteria paniculata Laxmann

영명

Goldenrain tree

분포 지역

한국(황해도, 강원도 이남), 일본

서식지

바닷가

개화 시기

6~7월

꽃말

자유로운 마음, 기다림

관련 단어

#염주나무

#염주

#목환자

#바닷가나무

펴보면 수많은 작은 꽃들로 구성되어 있다. 이 작은 꽃들은 각각 지름 1cm로 전체적으로 노란색이지만 중심부는 붉은색이다. 4개의 꽃잎은 위를 향하고 밑부분은 비어 있는 것처럼 보인다. 모감주나무는 한여름에 풍성하게 피어나는 노란색 꽃과 가을에 샛노랗게 물드는 잎, 그리고 독특한 열매 모양 때문에 전세계적인 조경수로 많이 쓰인다. 모감주나무의 영문명이 Goldenrain tree인 이유는 여름에 피어난 노란색 꽃들이 우수수 떨어질 때, 그리고 가을에 물든 노란 잎들이 바람에 흩날리듯 떨어질 때, 하늘에서 노란 비가 내리는 것처럼 보이는 화려한 모습 때문일 것이다.

모감주나무는 바닷가에서 군락을 이루며 사는 경우가 많다. 안면도의 모감주 군락은 천연기념물 제138호로 지정되어 보호되고 있으며, 바닷가 옆 천리포수목원에서도 모감주나무를 쉽게 찾아볼 수 있다. 모감주나무가 바닷가를 자신의 서식지로 선택한 이유는 바로 모감주나무 열매가 해답이 될 수 있다. 꽈리처럼 생긴 연두색 씨방은 무르익으면서 풍선처럼 부풀고 짙은 황색으로 변한다. 9월 초부터 10월 초까지 성숙한 씨방은 갈라지고 각각의 씨방 조각에는 까만 종자가 1~2개 달려 총 3~6개의 씨앗을 품는다. 그러다 바닷바람이 세차게 부는 날 갈라진 씨방 조각들은 바람을 타고 멀리 바다로 날아간다. 마치 보트처럼 생긴 씨방 조각은 씨앗을 품고도 물에 둥둥 떠다니며 멀리 이동한다. 열매 속 씨앗에 워낙 두꺼운 껍질이 붙어 있어 물에 썩지 않고 번식할 수 있다. 아마도 이런 모감주나무 열매의 특징 때문에 바닷가 근처 육지를 중심으로 뿌리를 내리고 번식이 되었을 것으로 추측된다.

이렇듯 바닷가를 중심으로 생활해 온 모감주나무가 이제는 도심에서 자주 발견된다. 그 이유는 무엇일까?

파도의 침식 작용과 풍화 작용에 의해 해안에 생긴 낭떠러지나 하천의 침식 작용에 의해 계곡 사면에 형성된 절벽은 1mm 이하의 작은 결정을 가진 암석인 세립질로 이뤄져 있다. 이처럼 쉽게 건조해지고 토심이 얕은 서식지에서 자라난 모감주나무는 식물이 살아가기에는 척박한 환경인 도심에서도 잘 적응해 이제는 공원이나 도심 곳곳에서 발견되는 것이다. 초록 잎이 가득한 봄을 지나 화려한 노란 꽃이 눈을 즐겁게 하는 여름, 독특한 열매와 노란 낙엽으로 또다시 눈길을 휘어잡는 가을을 겪어내는 모감주나무의 다채로운 모습은 조경수로 각광을 받는 또 하나의 이유다.

씨방 속 까만 종자는 모감주라고 부르는데 염주念珠를 만들 때 사용된다. 그래서 모감주나무를 염주나무라고 부르기도 한다. 예로부터 불교계에서는 모감주나무를 목환자木槵子라고 부르며 염주를 만들기 위한 모감주를 얻기 위해 사찰에 많이 심었다. 또한 모감주나무의 모양이 불교 경전에 등장하는 보리수나무와 전체적인 형태가 닮아 심었다는 이야기도 전해진다.

불교에서 염불 등을 할 때 손으로 돌리거나 손목에 걸어 염불 횟수를 기억하는 구슬인 염주는 '생각 염念', '구슬 주珠'로 생각하는 구슬이라는 뜻이 있으며, 모감주나무 열매 108개를 꿰어 만든다. 불교에서는 사람의 몸과 마음을 괴롭히고 어지럽히는 번뇌를 108가지로 구분하였는데 불법승佛法僧을 외울 때마다 모감주나무 열매를 하나씩 넘기며 인간의 번뇌를 하나씩 소멸시킨다는 의미를 지니고 있다.

민간에서는 모감주나무를 집안에 심으면 가족이 무병 무탈하고 우환이 생기지 않는다는 속설이 있다. 모감주나무의 꽃말이 '자유로운 마음'인 것은 결코 우연은 아닐 것이다. 인간의 번뇌를 없애기 위해 기도하는 마음, 가족의 건강과 평안을 바라는 마음이 모감주나무의 꽃말인 '자유로운 마음'과 닿아 있기 때문이다. 늘 성경을 머리맡에 놓고 주무시다 잠에서 깬 이른 새벽 성경을 보시던 외할머니, 기도하는 방이 따로 있어 늘 염불을 외우시며 염주를 들고 계시던 친할머니, 그리고 묵주를 들고 자식들을 위해 기도해 주시는 어머니를 둔 나는, 그 기도의 힘으로 여태껏 잘 살아온 것 같다. 가족의 평안을 바라는 아름다운 마음들이 늘 어릴 때부터 내 곁을 맴돌고 있었으니 말이다. 저녁 약속이 있는 오늘도 친구를 기다리는 지하철역에서 우연히 모감주나무를 발견했다. 씨방 속 까만색 생각하는 구슬을 보면서 그 기도하는 마음들을 다시금 찬찬히 꺼내 보니 절로 마음이 따뜻해진다.

3

미니멀리스트
틸란드시아

식물을 그리기 전에는 많은 공부가 필요하다. 식물학적 특징부터 식물이 자라는 서식지의 환경까지 면밀히 조사해야 화폭에서 범할 수 있는 오류를 줄일 수 있기 때문이다. 그리고 싶은 식물을 직접 키우느라 작업실에는 하나둘 식물들이 늘어나 지금은 창문 한 켠을 온전히 반려식물들에게 내어줬다. 그중에서도 장소의 구애를 받지 않고 여기저기 툭툭 올려놓을 수 있는 특이한 녀석들이 있다. 그들이 바로 검은색 종이 위에 그려진 틸란드시아들로 바로 내 뮤즈이자 작업실 반려식물들이다. 엄연히 말해서 반려식물이었다. 늘 그림 그리는 종이가 가득한 작업실의 건조함을 견디다 못해 안타깝게도 지금은 초록별로 떠나버려서 저 그림들이 틸란드시아의 영정 그림이 되어 버렸다.

틸란드시아는 열대우림에서 다른 식물 위에, 혹은 나무 꼭대기에 자리를 잡고 살아간다. 열대우림의 뜨겁고 찌는 듯한 환경 속 우후죽순 자라난 키 큰 나무들 틈에서 살아남기란 쉽지 않은 일이다. 땅에 바짝 붙어 자라면 키 큰 나무들이 만들어낸 그늘 때문에 햇빛을 받을 확률이 낮아지기 때문이다. 공중 식물air plant이 되길 선택한 틸란드시아는 상대적으로 높은 나무의 나뭇가지를 선택해 위치하고 햇빛이라는 이득을 누려 성장한다. 하지만 틸란드시아는 기생식물은 아니기 때문에 숙주식물의 영양분을 빼앗아 생활하지 않는다. 흔히 틸란드시아의 철사처럼 생긴 길고 구부러진 뿌리가 나무의 영양분을 흡수한다고 착각할 수 있지만 전혀 다른 쓰임을 가지고 있다. 생태적으로 높은 나뭇가지나 바위에서 생활하는 틸란드시아가 흔들림 없이 자리를 잡기 위해 자기 몸을 나뭇가지나 바위에 고정하기 위한 착생용이다.

분명 틸란드시아도 생명을 유지하기 위해 영양분을 흡수해야 할 텐데, 과연 어떤 방법으로 살아남는 것일까? 그 해답은 틸란드시아의 몸체에 흐르는 은빛에서 찾을 수 있다. 특유의 은빛이 매력적인 틸란드시아에게는 그 아름다운 빛깔을 만들어내는 온몸을 뒤덮은 솜털처럼 생긴 트리콤Trichome이 있다. 트리콤은 틸란드시아의 입과 같은 존재로 뿌리 대신 공기 중의 수분과 영양분을 흡수한다.

만져보면 털로 착각할 만큼 부드러운 트리콤을 현미경으로 자세히 살펴보면 마치 얇은 비늘 날개들이 45도 각도로 켜켜이 세워진 듯 보인다. 공기 중에 습기가 없을 때는 날개처럼 생긴 부분들이 바짝 서 있어 틸란드시아 몸체에 은빛이 강하게 드러난다. 그리고 물에 적시거나 비를 맞게 되면 트리콤은 중심 세포로 물을 모으고 삼투압의 원리로 흡수한다. 이렇게 필요한 수분을 흡수하면서 은빛 솜털처럼 생긴 날개들이 몸체에 찰싹 드러누우면 틸란

틸란드시아 파리쿨라타

Tillandsia fasciculata

종이에 색연필, 55×55cm

기본 정보

학명

Tillandsia fasciculata, Tillandsia flexuosa vivipara, Tillandsia funckiana, Tillandsia intermedia, Tillandsia xerographica, Tillandsia seleriana, Tillandsia bergeri, Tillandsia streptophylla

영명

Tillandsia

분포지역

페루, 에콰도르

서식지

열대우림 속 나무 꼭대기와 다른 식물 위

개화 시기

일정치 않음

꽃말

불멸의 사랑

관련단어

#공중식물 #트리콤

틸란드시아

Flexuosa vivipara, Funckiana, Intermedia, Xerographica, Seleriana, Bergeri, Streptophylla

종이에 색연필, 55×55cm

드시아의 몸 전체에 초록빛이 진해진다. 수분을 머금은 후 서서히 수분이 증발하면 트리콤의 날개들이 일어나 다시 은빛을 띤다.

트리콤의 역할은 영양분을 흡수하는 데 그치지 않는다. 건조한 환경이나 태양의 뜨거운 열로부터 틸란드시아 몸체를 보호하는 역할도 한다. 트리콤은 입사광의 25% 정도를 반사해 틸란드시아의 몸체에 있는 수분이 빠져나가는 것을 막는다.

그림 속 모든 틸란드시아의 몸체가 은빛으로 가득하지는 않은 이유는 틸란드시아의 종류에 따라 몸체에 분포된 트리콤의 밀도가 서로 다르기 때문이다. 은빛이 강해 보이는 틸란드시아는 트리콤이 풍성하게 뒤덮은 것이고, 초록빛이 강한 틸란드시아는 상대적으로 트리콤의 밀도가 낮은 것이다.

수천 년간 인간은 더 나은 삶을 추구하며 더 많은 것을 누리고 더 많은 것을 소유하기 위해 살아왔다. 그러나 최근에는 미니멀리즘을 추구하는 사람들이 생겨나기 시작했다. 최소한의 가구만을 배치하고, 최소한의 옷을 구입하며 무언가를 저장하고 모으기보다는 지금의 삶에 필요한 것들을 우선으로 챙기며 단순하게 사는 방식을 택하는 것이다.

어쩌면 이 시대에 미니멀리즘을 추구하는 미니멀리스트들은 인간계의 틸란드시아라는 생각이 든다. 자신을 둘러싼 환경에서 생존에 꼭 필요한 최소한의 조직들로 신선한 공기 속 수분과 유기물로만 살아가는 틸란드시아와 그 모습이 닮았기 때문이다. 가끔은 기본으로 돌아가 삶을 구성하는 근본적인 것들을 떠올려보고 자꾸만 채워지는 욕심들을 덜어낼 필요가 있다. 틸란드시아의 삶처럼.

4

성스러운 나무
호랑가시나무

전시 일정으로 영국에 갈 때면, 항상 런던 남서부에 있는 왕립식물원인 큐가든Kew Garden을 방문한다. 큐가든은 빅토리아 여왕 시대, 식민지에서 가져온 진귀한 식물들을 온실에서 보관하고 키우기 위해 만들어진 유서 깊은 곳으로 2003년 유네스코의 세계문화유산으로 지정되었다. 큐가든역에서 큐가든을 향해 걷는 길에는 가정집들이 있는데, 대부분의 가정집 울타리에는 호랑가시나무가 있어서 매우 인상적이다. 큐가든 내부에도 사람 키보다 크게 자란 멋진 호랑가시나무가 있어 연신 사진을 찍던 기억이 있다.

호랑가시나무는 2~3m 높이로 자란다. 잎은 육각형으로 가죽처럼 두껍고 광택이 나며 길이는 3.5~7cm 정도다. 잎끝마다 날카롭고 단단한 가시가 흡사 호랑이 발톱과 비슷해서 호랑가시라는 이름이 붙여졌으며, 묘목일 때는 특히 잎에 가시가 많이 난다. 호랑가시나무는 잎이나 줄기에 독이 없고 추

호랑가시나무Holly

Ilex cornuta Lindl. & Paxton
에칭, 애쿼틴트, 19.7×14.7cm

기본 정보

학명
Ilex cornuta Lindl. & Paxton

영명
Holly

분포 지역
한국, 중국 남부

서식지
해변가 낮은 산의 양지

개화 시기
4~5월

꽃말
가정의 행복, 평화

관련 단어
#크리스마스
#가시면류관
#해리포터지팡이
#티티새로빈

운 겨울에도 초록을 유지하는 상록관목이다. 겨울에는 나무에서 잎이 다 떨어지고, 하얀 눈에 나무들이 가려져 온통 하얀 세상의 일부가 된다. 새하얀 숲에서도 한결같이 초록색 잎을 지닌 호랑가시나무는 초식 동물의 눈에 띄기 쉬워져 먹잇감이 될 확률이 상대적으로 높아지니, 자신을 보호하는 도구로 가시를 이용하는 것이다. 초식 동물들이 닿지 않는 높이에 있는 호랑가시나무의 윗부분 잎은 가시가 차츰 퇴화하여 잎마다 하나의 가시만을 남긴다. 잎사귀의 가시는 바늘 같은 잎바늘로 매우 날카롭다. 유럽에서는 울타리, 담장, 창문 주위에 호랑가시나무를 심어 주거침입을 막는 용도로 사용한다.

암수딴그루인 호랑가시나무는 4~5월경이 되면 잔가지의 잎겨드랑이에서 꽃이 피는데 꽃대의 꼭대기에 여러 개의 꽃들이 우산살이 펼쳐진 모양처럼 피어난다. 4장의 꽃잎을 가진 백색 꽃들은 5~6송이씩 뭉쳐 피어나는데 꽃대는 0.5~0.6cm 길이며 털이 없다. 지름이 0.7cm 정도인 작은 꽃들은 암술대 없는 암술머리가 네 갈래로 갈라져 있다. 모양이 화려하지는 않지만 매우 향기로운 꽃이다.

꽃이 피고 난 후 0.8~1cm 지름의 둥근 열매가 맺히고 붉게 물든다. 붉은 열매는 눈꽃이 하얗게 핀 숲속에서 겨우내 먹이가 부족한 새들의 눈에 쉽게 띄어 중요한 먹거리가 된다. 식물들은 종족 번식에 꼭 필요한 꽃가루 매개자를 유혹하기 위해 다양한 모습으로 진화했는데, 특히 붉은색과 주황색은 새들이 매우 선호하는 색이다. 호랑가시나무는 자기 열매를 먹은 새들이 멀리 날아가 배설을 통해 자기 씨앗을 퍼트려 주기를 바라는 마음으로 새들이 거부하기 힘든 선명한 붉은색 열매를 품었을 것이다. 이를 통해 오랜 세월 동안 힘들이지 않고 자기 종족을 널리 퍼트릴 수 있는 기회를 얻게 된다.

호랑가시나무는 기독교가 전파되기 이전의 유럽에서 태양의 영원한 축복을 받아 액운을 없애고 악귀를 물리치는 숭배의 의미가 있는 성스러운 나무였다고 한다. 영화 〈해리포터〉 시리즈의 주인공 해리포터의 첫 지팡이 재료가 덤불도어가 기르던 불사조의 꼬리 깃털과 호랑가시나무의 일종인 서양 호랑가시나무*Ilex aquifolium*로 만들어진 이유도 우연의 일치는 아닐 것이다.

크리스마스 장식으로도 제일 먼저 떠올리는 호랑가시나무는 중세 시대 예수를 상징하는 식물이기도 하다. 가시면류관을 쓰고 골고다 언덕을 오르던 예수 앞에 티티새 로빈이 나타나 머리에 박힌 가시들을 자신의 부리로 뽑아내려다 피를 흘리며 죽었다. 사람들은 유독 호랑가시나무 열매를 좋아하던 티티새 로빈을 기리는 마음으로 호랑가시나무를 귀하게 여기며 크리스마스 상징으로 여긴다는 이야기가 전해온다.

예수의 가시면류관을 상징하는 수많은 가시가 달린 잎, 예수의 피를 상징하는 붉은 열매, 예수의 탄생을 의미하는 우윳빛을 닮은 꽃, 예수의 고난을 상징하는 쓰디쓴 나무껍질을 가진 호랑가시나무는 예수 그리스도의 탄생을 기념하는 축일인 크리스마스에 더없이 합당한 상징으로 여겨졌다. 지금도 성탄절이 다가오는 12월이 되면 전 세계 곳곳에서 호랑가시나무로 만든 크리스마스 리스를 문 앞에 걸어 둔다.

겨울철 배고픈 새들의 먹이가 되고, 예수 그리스도의 탄생을 축하하는 기념일의 상징이 된 호랑가시나무는 사랑과 평화의 의미를 지니고 지금까지 사랑받고 있다. 여전히 유럽에서는 호랑가시나무를 가정의 울타리로도 많이 사용하고 있다. 사랑과 평화라는 귀한 의미를 지닌 호랑가시나무로 집에 담벼락 대신 울타리를 만들어 가정의 행복과 평화를 지키고 싶은 사람들의 마음은 동서양을 막론하고 공통된 마음인가 보다. 다가오는 12월이 되면 호랑가시나무로 만든 예쁜 크리스마스 리스 하나를 작업실 문 앞에 걸어 놔야겠다. 문을 드나드는 모두의 마음에 사랑과 평화가 가득하길 바라는 마음을 가득 담아서 말이다.

5

은빛 털복숭이
에델바이스

어릴 적부터 나는 영화를 좋아하는 어머니와 함께 고전영화를 즐겨 봤다. 특히 몸과 마음이 지칠 때 챙겨보는 영화 한 편이 있는데 1969년 개봉한 〈사운드 오브 뮤직The sound of music〉이 바로 그것이다. 아름다운 음악과 배경, 따뜻한 스토리 때문에 셀 수 없이 반복해서 본 뮤지컬 영화다. 이 영화를 생각하면 가장 먼저 부드러운 선율의 노래 '에델바이스'가 떠오른다.

에델바이스는 스위스의 높은 알프스 고산지대에 자생하는 식물이다. 고도가 1800~3400m에 이르는 석회암 지대의 바위가 많은 곳에서 자라며, 식물 전체에 흰 솜털이 덮여 있어 빛을 받으면 은빛으로 빛나 새하얗게 보인다. 에델바이스의 흰 털은 고산지대의 극단적인 날씨로부터 자신을 보호하는 수단이다. 건조할 때는 수분의 증발을 막아주고 뜨거운 태양의 강렬한 빛과 열을 반사하며 서리와 추위에 체온을 유지하기 위한 고산지대 식물의 불가피

한 선택이기도 하다.

에델바이스의 생김새는 학명에서도 그 특징을 연상할 수 있다. 에델바이스의 학명 *Leontopodium nivale* subsp. *alpinum*에 표기된 속명 *Leontopodium*은 고대 그리스어로 사자를 뜻하는 leon과 발을 뜻하는 podion으로 이루어져 있다. 에델바이스의 포엽이 뭉툭하고 털이 많은 것이 마치 사자의 발과 닮았다고 해서 붙여졌다고 한다. 종명인 *nivale*은 눈과 같이 하얗다는 뜻으로 햇빛을 받아 새하얗게 보이는 에델바이스의 생김새에서 비롯한다. 에델바이스라는 영명 역시 에델바이스의 생김에서 비롯되었다. 독일어로 고귀함을 뜻하는 edel과 흰색을 뜻하는 weiß의 합성어로 에델바이스를 뜻하는 Edelweiß에서 유래되었다.

에델바이스의 키는 10~20cm 정도이며 뿌리에서 나온 잎과 줄기에서 선형으로 나온 잎들이 있다. 줄기 끝에는 솜털이 수북한 꽃잎처럼 보이는 포엽들이 별 모양처럼 사방으로 퍼져 달려 있다. 그 가운데 지름이 0.5cm 정도 되는 5~6개의 꽃이 모여서 피어난다. 에델바이스를 위에서 내려다보면 가운데 피어난 꽃과 그를 둘러싼 포엽이 마치 멋들어진 훈장처럼 보인다.

에델바이스는 우리나라의 산솜다리와 생김새가 비슷하지만, 차이가 있다. 산솜다리의 학명은 *Leontopodium leiolepis*로 에델바이스의 종명인 *nivale*과는 다르다. 에델바이스는 스위스 높은 알프스 고산지대에서 자생하는 식물로 건조한 곳에서 자생하는 반면, 산솜다리는 자생지가 매우 협소하여 우리나라 설악산의 고산지대에서 자라나며 현재도 추가 자생지를 확인 중이다.

영화 〈사운드 오브 뮤직〉은 1938년 오스트리아를 배경으로 한 뮤지컬 영화로 이 영화에서 중요한 소재로 사용된 에델바이스는 오스트리아의 국화다.

〈사운드 오브 뮤직〉은 마리아 폰 트랩과 폰 트랩 대령의 실화를 바탕으로 했다. 실제 그들은 오스트리아를 떠나 '트랩 가족 합창단'으로 활동하고 훗날 '트랩 가족의 오스트리아 지원 재단Trapp Family Austrian Relief Fund'을 설립해 오스트리아의 소외 계층을 도왔다고 한다.

에델바이스는 〈사운드 오브 뮤직〉에서 다양한 형태로 등장한다. 첫 번째 등장은 마리아에게 마음을 연 아이들이 길에서 꺾어 온 꽃을 선물하는데 그 꽃이 바로 에델바이스였다. 수없이 봐 온 사운드 오브 뮤직이지만 식물세밀화가로 활동하며 본 영화 속 에델바이스는 내 기억의 새하얀 꽃과는 전혀 다른 느낌이었다. 오래된 영화라 화질 때문이었는지, 아니면 생화가 아닌 소품을 써서인지 칙칙한 잿빛에 가까운 꽃의 색상을 보고 적잖이 충격을 받아 그 부분만 되감기로 여러 번 본 기억이 있다. 몸체 전체에 털이 있는 에델바이스가 빛을 반사하기 때문에 머릿속에 새하얀 꽃이라는 이미지로 박제되어 생긴 기억의 오류였다.

영화 속 두 번째 등장은 본 트랩 가족이 합창대회에 참석하며 부른 '에델바이스'라는 노래다.

에델바이스, 에델바이스
매일 아침마다 나를 반겨주네.
작고 하얀, 깨끗하고 밝은 에델바이스
넌 날 만나 행복해 보이는구나.

에델바이스Edelweiss

Leontopodium nivale subsp. *alpinum*

수제 종이에 펜과 잉크, 10×15cm

기본 정보

학명
Leontopodium nivale subsp. *alpinum*

영명
Edelweiss

분포 지역
유럽, 시베리아, 히말라야, 중국, 일본 등

서식지
건조한 고산지대

개화 시기
7~8월

꽃말
고귀한 사랑, 소중한 추억, 용기

관련 단어
#사운드오브뮤직
#알프스
#오스트리아 국화
#털복숭이

눈의 꽃, 넌 피어나고 자라나겠지.

영원히 피어나고 자라나겠지.

에델바이스, 에델바이스

나의 조국을 영원히 축복해 주길.

오스트리아의 국화인 에델바이스에 대한 가사를 보면 조국에 대한 무한한 사랑과 조국의 평안을 비는 고귀한 마음이 느껴진다. 사자의 발을 닮은 은빛 털복숭이 에델바이스가 내 기억 속에 더욱 더 새하얗게 기억된 이유는 아름답고 고귀한 마음이 담긴 꽃이기 때문일 것이다. 오늘도 바쁜 일이 끝나면 식물이 인상적으로 등장하는 영화들을 찾아봐야겠다. 이야기가 담긴 식물만큼 오래 기억되는 것은 없기에.

6

레드 카펫
석산

각종 영화제를 보면 스타들이 레드 카펫을 사뿐히 밟으며 등장한다. 워낙 흔치 않은 풍경이라 붉은색 카펫을 보면 시선이 집중되고 무슨 행사가 있나 관심을 갖게 된다. 레드 카펫의 시작은 나폴레옹 1세 황제 즉위식에서 처음 공식적으로 사용되었다. 중세 유럽에서 붉은색은 귀족의 색으로 여겨졌다. 붉은색 카펫은 귀빈에게 흙을 밟지 않게 하겠다는 의미를 지녀 최고급 대우를 할 때 사용되었으며, 나폴레옹 즉위 이후 왕실의 전통이 되었다.

9월이 되면 대지 위에도 불꽃놀이가 펼쳐진 듯 자연이 선물해 준 멋진 레드 카펫이 곳곳에 깔린다. 바로 꽃무릇이라고도 불리는 석산꽃이 피어나기 때문이다. 들판에 넓게 피어난 석산의 붉은 꽃을 보면 환호성이 터져 나온다.

가을 태풍이 자주 발생하는 9~10월에 피는 석산은 태풍이 불러온 꽃이라는 의미로 영미권에서는 hurricane lily라고도 불린다. 산기슭이나 풀밭에

석산 Red spider lily

Lycoris radiata

종이에 연필, 29.5×42cm

기본 정보

학명
Lycoris radiata

영명
Red spider lily, hurricane lily

원산지
중국

서식지
산기슭, 풀밭

개화 시기
9~10월

꽃말
당신 생각뿐

관련 단어
#꽃무릇 #선운사
#불갑사 #비늘줄기 #녹말
#만나지못하는꽃과잎

서 군락을 이루며 꽃대가 30~50cm쯤 길게 올라와 꽃이 피며, 꽃대에서 같은 거리를 두고 우산살 모양으로 갈라져 붉은 꽃잎이 뒤로 젖혀진다. 석산 학명의 종소명 *radiata*는 방사형이라는 의미의 라틴어로 꽃잎이 사방으로 뻗어 나는 석산의 특징적인 모습에서 붙여진 이름이다. 꽃잎은 폭 5mm, 길이 4cm 정도로 가장자리에 주름이 많으며 꽃잎보다 훨씬 긴 7cm 정도의 암술 1개와 수술 6개가 꽃 밖으로 길게 뻗어 나와 우아함을 더한다. 꽃잎보다 길게 뻗어 나온 암술과 수술이 마치 거미의 긴 다리 같다고 해서 영명으로 red spider lily라고도 불린다.

석산꽃과 잎은 서로 다른 시기에 자라난다. 붉은 꽃송이가 지고 난 10월 말이 되어야 잎이 돋아나기 시작한다. 난초 잎을 닮은 넓은 선형의 잎은 폭 1.5cm, 길이는 30~40cm 정도로 자라며, 가운데 하얗고 굵은 잎맥이 있는데 회색을 살짝 띤 녹색이다. 겨우내 긴 잎은 땅속의 비늘줄기를 열심히 키워내다 월동 후 이듬해 봄, 날씨가 따뜻해지기 시작하면 잎을 떨구며 소멸한다.

석산은 잎과 꽃이 다른 시기에 등장하는 특징 때문에 서로 만나지 못하고 평생 서로를 그리워한다는 의미를 지닌 상사화*Lycoris squamigera* MAX.와 많이 혼동된다. 그러나 이 둘은 서로 다른 식물이다. 석산과 상사화 모두 수선화과 식물이지만 석산은 가을에 붉은 꽃이 피고 상사화는 보통 여름에 연분홍 꽃이 핀다. 상사화는 종류에 따라 주황색, 노란색 꽃이 피기도 한다. 꽃 모양에서도 차이가 있는데 석산은 수술이 꽃 밖으로 길게 나오지만, 상사화는 암술과 수술이 모두 꽃 내부에 있다.

석산石蒜이라는 이름은 돌 석石, 마늘 산蒜으로 돌 틈에서 나는 마늘 모양의 뿌리라는 뜻을 지니고 있다. 실제로 석산은 뿌리에서 마늘 냄새가 난다고 한다. 마늘을 닮은 석산의 비늘줄기인경, 鱗莖는 지름 3~4cm 정도의 달걀 모양에 외피가 흑갈색이다. 대표적인 비늘줄기 식물인 양파처럼 생긴 석산의 비늘줄기는 저반부라고 부르는 짧은 줄기에 두툼한 잎처럼 생긴 비늘조각들이 겹겹이 포개진 채 붙어 있다. 비늘줄기들은 꽃을 피워내기 위한 양분과 수분을 저장한다. 꽃은 피지만 열매를 맺지 않는 석산은 소인경bulblet이라고 하는 새로운 비늘줄기들을 저반부 바깥쪽 가장자리에 형성해 새로운 개체로 분화해 번식한다.

9월이 되면 레드 카펫이 펼쳐지는 유명한 석산 명소로는 전라북도 고창 선운사와 전라남도 영광 불갑사를 꼽을 수 있다. 석산 명소들이 대부분 사찰인 까닭은 무엇일까? 바로 그 옛날의 불교 문화 번성과 관계가 있다. 사찰에서는 불교 경전을 널리 퍼트리기 위해 경전을 인쇄하거나 베껴 적었다. 이를 통해 제지술과 인쇄술이 매우 발달했으며, 불교 경전을 제본하거나 탱화를 표구할 때 대량의 접착제가 필요했다. 석산의 비늘줄기에서는 양질의 전분을 많이 얻을 수 있어 접착제 용도로 사용되었기에 사찰에서 많이 키울 수밖에 없었다.

꽃이 매우 귀한 가을에 자태가 우아한 붉은 꽃을 선물해주고 물자가 귀하던 시절, 경전을 제본할 때 사용하는 녹말을 제공했던 비늘줄기를 갖춘 석산은 그야말로 속담 '꿩 먹고 알 먹는다'와 사자성어 '일석이조'에 적합한 식물이 아닌가 싶다.

눈에 보이지 않는 귀함을 땅 속에 지니고 있는 석산의 비늘줄기는 한약에서도 약재로 사용된다고 한다. 그러나 석산의 비늘줄기에는 맹독성 라이

코린lycorine을 포함한 여러가지 알칼로이드 성분의 독성이 있으니 함부로 먹지 않도록 주의해야 한다.

7

히치하이커

큰도꼬마리, 도깨비바늘, 우엉열매

최근에 본 드라마에서 어떤 여인이 외딴 산길에서 지나가는 차를 얻어 타기 위해 연신 손을 흔들어 댔다. 실제 상황에서는 낯선 사람을 태우는 것이 그리 쉽지 않은 일이지만 영화나 드라마에서는 무전여행을 하기 위해 길가에서 손을 흔드는 히치하이커hitchhiker들을 한번쯤은 본 적이 있을 것이다. 우리 주변에는 영화 속 그들처럼 히치하이킹hitchhiking을 즐기는 식물들이 꽤 많이 있다. 어쩌면 한번쯤 본인도 모르는 사이 히치하이커 식물을 자신의 몸에 태워주고 목적지까지 옮겨준 운반책이었을런지도 모른다. 나 역시 부지불식간에 히치하이커를 태우고 먼 여행을 떠나게 만들어준 장본인이 된 경험이 있다. 지금부터 내가 길 위에서 만났던 그 수상한 히치하이커들의 이야기를 풀어볼까 한다.

하루 종일 그림을 그리거나 글을 쓰다 보면 운동량이 부족해져서 작업실

큰도꼬마리 The fruit of Oriental cocklebur

Xanthium orientale L.

종이에 연필, 17.7×17.7cm

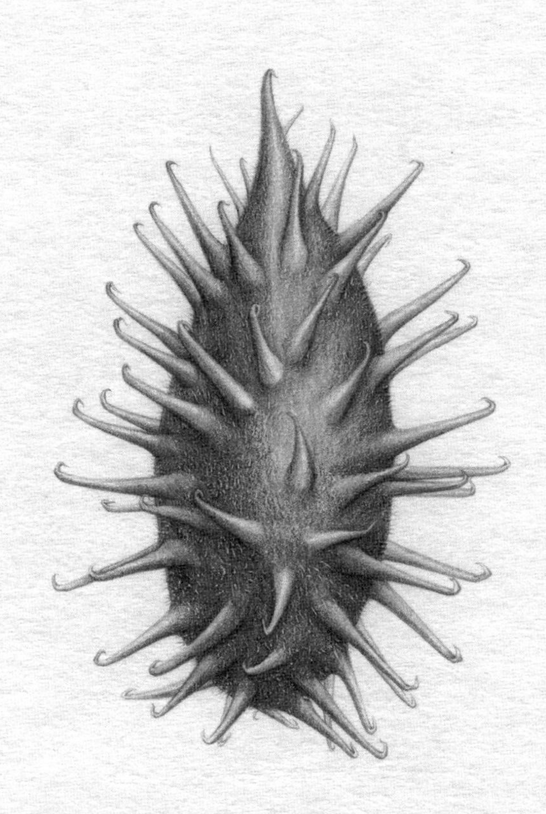

기본 정보

학명

Xanthium orientale L.

영명

Oriental cocklebur

분포 지역

한국, 중국, 일본, 아메리카

서식지

길가나 빈터, 하천 제방, 연못 주변 등

개화 시기

8~9월

꽃말

고집

관련 단어

#가시

#귀화식물

근처 안양천에 자주 나간다. 어느 가을날도 마찬가지로 안양천을 산책하고 돌아와 운동화를 벗는 순간, 바지 밑단에 수상한 녀석이 붙어 있었다. 벌레인 줄 알고 놀란 마음에 두 눈을 크게 뜨고 가까이 들여다보니 통통하게 생긴 큰도꼬마리였다.

종자로만 번식하는 큰도꼬마리는 원래는 북아메리카에 자생하는 식물이었으나 현재는 아시아 등지에 넓게 퍼진 귀화식물이다. 건조한 곳이나 습한 곳에 이르기까지 다양한 서식 환경에서 잘 적응하기 때문에 우리나라에서 가장 흔한 종이 되었다. 큰도꼬마리는 키가 2m에 이르며 억센 가시가 있는 열매를 맺는다. 열매 자체에는 독성이 있어 동물들의 먹잇감이 되어도 배설되어 버리기 때문에 종족 번식을 할 기회는 영영 가질 수 없다. 그렇기 때문에 열매의 억센 가시는 종족 번식을 위한 큰도꼬마리의 처절한 몸부림이다. 큰도꼬마리 열매 위쪽에는 도깨비 뿔 같은 돌기가 2개 있고 통통한 몸체에 갈고리 모양의 가시가 사방으로 뻗쳐져 있어서 사람이나 동물에 편승하기 쉬운 구조를 지니고 있다. 무임승차를 통해 종자를 멀리 퍼트리기 위한 전략인 셈이다.

더욱 재미난 사실은 큰도꼬마리가 국화과 한해살이 식물로 열매 안에 크기가 서로 다른 2개의 종자를 품고 있다는 것이다. 이는 종자로만 번식하는 큰도꼬마리의 놀라운 생태 전략이 아닐 수 없다. 무임승차를 통해 어딘가에 떨궈진 큰도꼬마리 열매 속 2개의 종자는 서로 다른 시기에 발아된다. 큰 종자가 봄에 발아하면, 작은 것은 그다음 해 봄에 발아하게 되는 것이다. 멀리 이동한 1개의 열매로 2년간은 자신의 개체를 퍼트릴 수 있는 기회를 얻는다.

또다른 히치하이커인 도깨비바늘은 공영주차장 공터에서 처음 만났다. 공터는 사람의 손길이 닿지 않아 보통 잡초라고 부르는 다양한 식물들이 살고 있는데, 내 눈에는 그 모두가 각자의 이름을 가지고 있는 멋진 관찰 대상인지라 항상 눈여겨보곤 했다. 도깨비바늘을 만난 건 다른 식물들이 모두 제 할 일을 마치고 꽃과 잎이 져버린 늦가을이었다. 점심식사를 하기 위해 작업실 근처 집에 다녀오는 길, 공터에 독특한 생김새를 지닌 열매가 눈을 사로잡았다. 한눈에 반할 만큼 독특한 생김새를 가진 도깨비바늘의 첫인상은 가을에 내린 눈송이 같았다. 한참을 우두커니 서서 들여다보고, 사진을 찍고, 떨어진 열매를 하나 주워 작업실로 들어왔다.

도깨비바늘은 국화과 한해살이풀로 양지바른 산과 들에서 자라난다. 열매는 길이가 1.2~1.8cm이며 너비가 0.1cm로 매우 좁은 줄 모양이다. 열매는 껍질이 말라 목질화되면 그 속에 종자를 가지고 있다. 돋보기로 요리조리 한참을 들여다본 도깨비바늘의 생김새는 큰도꼬마리보다 더 섬세한 가시들이 있어 동물 털에 더 쉽게 부착되는 구조를 지녔다. 마치 바다의 신 포세이돈이 들고 있는 3개의 이빨이라는 뜻의 삼지창을 닮은 가시 끝부분은 정교하기가 이루 말할 수 없다. 삼지창처럼 생긴 거꾸로 된 각각의 가시에는 우산털이 있다. 우산털에는 아래를 향해 난 가시 같은 털들이 있어서 한 번 붙으면 떨어지기가 쉽지 않다. 줄기를 중심으로 줄 모양의 열매가 전체적인 둥근 형태를 지닌 것도 동물이나 사람이 어느 방향으로 스쳐도 도깨비바늘 열매가 털이나 옷에 잘 붙도록 만들어진 것이 아닌가 싶다.

큰도꼬마리보다 더 쉽게 떨어지지 않는 도깨비바늘 열매는 밭일하는 어

도깨비바늘 The fruit of Spanish needles

Bidens bipinnata L.

종이에 연필, 17.7×17.7cm

기본 정보

학명

Bidens bipinnata L.

영명

Spanish needles

분포 지역

한국, 아시아, 유럽, 북아프리카, 오스트레일리아

서식지

산야의 햇볕이 잘 드는 지대

개화 시기

8~9월

꽃말

흥분

관련 단어

#가시 #삼지창 #포세이돈

우엉 열매 The fruit of Burdock

Arctium lappa L.

종이에 연필, 17.7×17.7cm

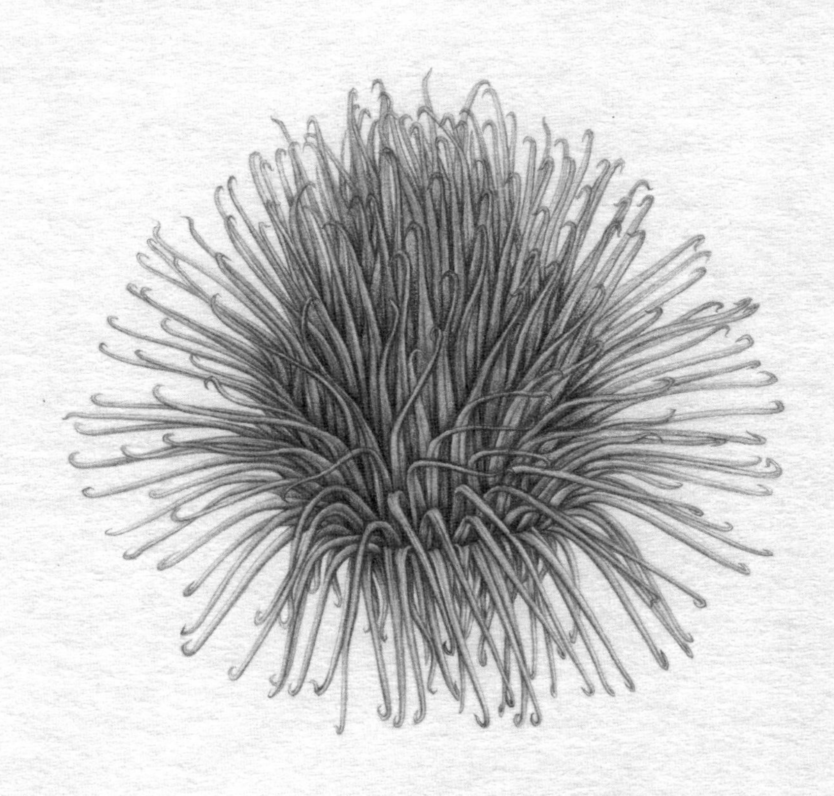

기본 정보

학명
Arctium lappa L.

영명
Burdock

분포 지역
한국, 유럽, 서남아시아, 대만, 네팔, 러시아, 몽골, 일본, 중국

서식지
밭에서 재배, 혹은 숲 가장자리나 공터 등

개화 시기
6~8월

꽃말
나에게 손대지 마오

관련 단어
#벨크로 #갈고리

르신들에게는 매우 성가신 존재다. 가을 밭일을 하고 들어오면 도둑처럼 몰래 옷에 붙어 집까지 따라오는 도깨비바늘의 행태에 옛 어른들은 '도둑놈의 가시' 또는 '도둑가시'라고 부르곤 했다. 도깨비바늘의 우산털이 도대체 얼마나 강력한가 하면 관찰을 위해 잠시 만지는 순간 옷에 들러붙어 떼어 내기가 여간 쉽지 않았다. 오죽하면 환경부 산하 국립공원공단에서는 가을철 산행에서 옷에 달라붙은 도깨비바늘이 옷감에 따라 접착력이 얼마나 강한가를 실험하기도 했다. 옷감에 골이나 틈, 기모가 있을 경우는 90% 이상 달라붙었고 도깨비바늘을 떼어낼 때 옷감이 상하기도 했다. 그래서 가을 산행에는 매끈한 소재의 등산복을 착용하고 혹시라도 도깨비바늘이 도둑처럼 몰래 옷에 붙었을 경우에는 참빗이나 꼬리빗으로 훑어내거나 접착테이프를 붙여서 떼어내는 방식을 권한다.

김밥에 없어서는 안 될 뿌리채소인 우엉으로 만든 우엉조림은 좋아하는 반찬 중 하나다. 우엉의 뿌리를 다듬을 때 길쭉한 모습만 보던 나는 도대체 왜 우엉의 꽃말이 '나에게 손대지 마오'인지 도통 이해가 되지 않았다. 그러나 우연히 마주하게 된 밤송이 모양의 우엉 열매를 보고는 절로 고개가 끄덕여졌다.

유럽 원산의 귀화식물인 우엉은 가을이 되면 열매를 맺는데, 둥근 열매의 끝부분은 갈고리처럼 생긴 작은 포들로 뒤덮여 있다. 예로부터 우엉 열매는 불리는 이름도 많다. 껍질에 갈고리 가시들이 많은 우엉 열매가 한 번 옷에 붙으면 떨어지지 않자 기분 나쁘고 싫은 열매라는 뜻을 지닌 악실惡實이라고 불렀다. 또한 지나가던 쥐의 털에 열매가 붙으면 잘 떨어지지 않아 쥐에 붙어 있는 씨앗이라는 뜻의 서점자鼠黏子라 부르기도 했다. 죄다 잘 들러붙는 우엉 열매의 특징을 잘 보여주는 이름들이다. 그러나 한의학에서는 사람을 귀찮게 하는 겉껍질 속에 잘 건조된 씨앗들을 우방자牛蒡子라고도 부르며 사람의 몸에 이로운 약재로 사용했다. 단단하고 뾰족뾰족한 열매 껍질 속 씨앗들은 예로부터 열을 내리고 독을 풀어 인후염, 홍역 등에 쓰인다고 한다.

우영 열매의 작은 갈고리 모양의 포는 훗날 인류에 큰 변화를 가져온 장본인이기도 하다. 흔히 '찍찍이'라고 부르는 '벨크로 테이프'가 바로 우엉 열매의 모습에서 아이디어를 착안해 산업에 적용한 '생태모방 기술'의 대표 모델이다. 1941년 스위스에서 개와 사냥을 나갔던 엔지니어 조르주 드 메스트랄George De Mestral은 집에 돌아와 자신의 옷과 사냥개의 털 여기저기에 잔뜩 붙은 우엉 열매들을 보게 된다. 옷을 벗어 털어내도 쉽사리 떨어지지 않는 우엉 열매를 자세히 살피던 그는 갈고리 모양의 가시를 발견하자 이를 닮은 작은 돌기 모양의 잠금 장치에 대한 번뜩이는 아이디어를 떠올린다. 이것이 바로 '벨크로'의 시작이었다. 벨크로는 훗날 미국 우주항공국NASA의 우주복 등에 활용되며 인류의 미래에 큰 변화를 가져오게 된다.

가만히 우엉 얼매를 들여다보니 '껍질만 보지 말라. 안에 들어 있는 것을 보라'는 탈무드에서 읽은 글귀가 생각난다. 겉보기에는 쓸모없어 보이고 사람을 성가시게 만드는 열매이지만, 그 열매가 인간의 삶에 건네준 지혜는 그 무엇과도 비교할 수 없다.

식물은 4억 3000만 년 전부터 지구의 숱한 변화를 겪으며 진화해 왔고 지금도 끊임없이 변신을 꾀하고 있다. 생태모방 기술의 중요성이 점점 더 커

가는 이 시대에 지구의 터줏대감이자 현자인 식물은 인류에게 나눠줄 지혜가 무궁무진한 스승일 것이다. 지금 당장 눈앞에 보이는 현상에 집착하지 말고 본질적인 것들을 생각하는 지혜가 필요한 시점이다. 식물의 다채로운 모습을 잘 관찰하다 보면 벨크로 이상으로 세상을 이롭게 할 멋진 기술을 발견할 수 있을 것이다.

8

팔방미인
연꽃

어릴 적 여름방학이 되면 전주 할아버지 댁에 늘 놀러 갔다. 할아버지 손을 잡고 가던 덕진공원의 여름은 항상 특별했다. 덕진공원에는 호수를 가로지르는 긴 현수교가 있는데, 조금씩 흔들거리던 현수교를 유독 겁이 많던 어린 나는 무서워했다. 그러나 할아버지 손을 꼭 잡고 걷다 보면 공포는 사라졌고 현수교 양옆으로 연꽃이 한가득 피어난 풍경을 보며 '우와' 소리를 연신 질렀다. 마치 신선이 되어 연꽃 사이에 둥둥 떠 있는 것만 같았다.

습지나 연못에 심어서 기르는 여러해살이풀인 연꽃은 물 위로 솟은 꽃대 끝에 한 개씩 달리며 지름 15~25cm 정도의 크고 풍성한 꽃이 피어난다. 녹색을 띠는 꽃받침은 4~5장이며 꽃잎보다 작은 크기로 일찍 떨어진다. 꽃잎은 폭 3~7cm, 길이 8~12cm로 총 18~24장이다. 꽃잎은 위쪽으로 갈수록 폭이 넓어지는 거꾸로 선 달걀 모양이다. 꽃의 중심부에는 노란색 꽃밥이 달린 수술이 400여 개이며, 그 중앙에는 뒤집어 놓은 고깔 모양의 꽃턱 안에 감춰진 암술머리가 들어 있다.

연꽃의 꽃잎은 여름날 새벽에 햇빛과 열을 느끼며 열리기 시작해서 해가 지고 기온이 떨어지면 꽃잎 닫기를 3~4일간 반복한다. 이 와중에 연꽃은 꽃잎이 닫힌 밤, 꽃턱 안의 화학적 변화로 연꽃 내부 온도를 상승시켜 놓고 아침 개화와 동시에 향기를 더 멀리 퍼지게 만들어 꽃가루 매개자들을 끌어들인다. 이러한 이유로 새벽 6시부터 오전 11시까지는 연꽃 향기를 온전히 느끼며 만개한 연꽃을 즐길 수 있다.

연꽃의 꽃턱은 해면처럼 구멍이 있는 해면질海綿質, spongy이고 지름 10cm, 길이 10cm 정도로 윗면이 납작하다. 수정을 마친 연꽃의 꽃턱은 연방으로 성숙해 간다. 여러 개의 구멍 안에는 단단한 껍데기로 쌓인 지름 1cm 정도의 견과를 닮은 씨앗인 연자들이 들어 있다. 초록색이던 연방은 서서히 말라가면서 갈색으로 변하고 씨앗인 연자들도 검게 익는다. 연방은 안에 있는 수많은 연자들의 무게를 견디다 못해 물속으로 떨어진다. 이것은 물을 통해 씨앗을 이동시키려는 수매분산水媒分散, hydrochory의 일환으로 연꽃을 비롯한 습지 식물들이 씨앗을 퍼트리는 방식이다.

연자들은 물속에서 오랜 시간 발아를 기다리는데, 단단한 껍질은 연자들이 물속에서 분해되는 것을 막는다. 어떤 연자들은 1000년의 기다림을 마치고 발아되기도 한다. 실제로 2009년 5월 경상남도 함안군 사적 67호 성산산성 발굴 작업에서 발견된 아라홍련 씨앗이 꽃을 피웠는데 방사성 탄소 연대 측정을 통해 650~760년 전 고려시대 것임이 확인되었다.

연꽃 Lotus

Nelumbo nucifera Gaertn.
메조틴트, 12×7.5cm

기본 정보

학명
Nelumbo nucifera Gaertn.

영명
Lotus

분포 지역
한국, 일본, 중국, 인도, 시베리아

서식지
연못, 논이나 늪지의 진흙

개화 시기
7~8월

꽃말
깨끗한 마음, 순결, 신성

관련 단어
#연근 #연자육
#연꽃차 #연잎밥
#연잎효과 #초소수성
#방수섬유

연잎은 지름이 약 30~90cm 정도로 둥근 방패 모양이고 잎맥이 사방으로 퍼진다. 높이가 1~2m까지 자란 잎자루 끝에 달리는데, 수면보다 훨씬 높은 위치에서 연꽃과 함께 피어난다. 눈으로 보기에는 매끈해 보이는 연잎을 현미경으로 자세히 들여다보면 놀라운 특징을 발견할 수 있다. 연잎의 표면은 3~10μm(마이크로미터) 크기의 아주 미세한 돌기들이 울퉁불퉁하게 표면을 가득 채우고 있다. 각각의 작은 미세 돌기들은 머리카락 굵기의 10만 분의 1정도 크기, 즉 나노 크기의 코팅제로 덮여 있는데 이들은 왁스처럼 물을 흡수하지 않고 튕겨내는 성질을 지니고 있다.

미세한 돌기들만으로도 물방울이 연잎 표면에 닿는 면이 작아지는데, 이 미세 돌기들이 나노 크기의 코팅제로 덮여 있으니 물방울이 연잎에 닿는 것을 이중 방어하는 셈이다. 이러한 성질로 인해 연잎에 떨어진 물은 물방울 형태로 맺히게 된다. 이렇게 맺힌 물방울은 잎 표면에 있는 먼지도 제거해 잎의 광합성을 돕는 역할도 한다. 물을 밀어내는 연잎의 특징은 방수 섬유 개발에 이용되기도 했으며 이를 연잎효과Lotus effect라고 부른다.

여기서 잠깐! 일반적으로 사람들이 연꽃과 많이 헷갈리는 수련과는 확실한 차이가 있다. 수련은 발수성이 없어 잎의 표면에 물이 묻으면 젖어 들지만 연잎은 발수성이 있어 물이 묻지 않고 물방울이 맺히다가 무게를 견디지 못하면 물을 튕겨낸다. 두 식물의 가장 큰 차이점은 수련의 뿌리는 물 밑바닥에 고착되고 잎과 꽃이 수면에 떠 있는 부엽식물浮葉植物, floating leaved plant이라는 것이다. 반면 연꽃은 성장하면서 뿌리는 물 밑바닥에 두고 높이 솟은 긴 꽃대에서 꽃이 피고 잎과 줄기가 공중으로 높이 솟아나는 정수식물挺水植物, emerged plant이다. 쉽게 구별할 수 있는 또다른 특징은 잎의 모양에서 찾을 수 있다.

수련의 잎은 지름이 8~15cm 정도로 40cm에 달하는 연잎보다 훨씬 작다. 또한 수련의 잎은 V자로 한쪽이 깊이 갈라져 있지만 연잎은 둥글고 중심부가 움푹 들어가 있다.

연꽃은 다양한 쓰임새가 있다. 연꽃은 차로 우려 마시고, 연잎은 밥을 짓거나 말려서 차로 마시기도 한다. 땅속 줄기 연근蓮根은 반찬으로 만들고, 연꽃의 익은 열매인 연자의 껍질을 깐 연자육蓮子肉은 한약재로 쓰거나 밥을 지을 때 곁들이기도 한다. 어느 하나 버릴 것 없는 연꽃은 연잎효과를 통해 인간의 삶을 더욱 풍요롭게 만들 새로운 기술의 발견을 돕는다. 여덟 방위에서 보아도 아름다운 것도 모자라 여러 방면에 능통한 사람을 우리는 팔방미인八方美人이라고 부른다. 연꽃의 다양한 면모를 살펴보면 단아한 아름다움을 자랑하는 꽃의 미모를 가지고 다양한 쓰임새가 있는 진정한 팔방미인에 걸맞은 식물이지 싶다.

9

생각하는 사람
팬지

이른 봄 산책길은 발걸음이 더욱 더디어진다. 여기저기 두리번거리며 초록이들의 변화를 알아채는 재미가 한가득한 봄의 문턱. 이제 막 추운 겨울을 벗어나 봄을 향해가는 거리는 조금씩 알록달록한 색감들이 더해지기 시작한다. 그중 제일 먼저 눈에 띄는 것은 길거리 이곳저곳에 색색 가지 무리 지어 심겨진 팬지들이다. 보고 있자면 순하디순한 눈매를 지닌 강아지 시츄의 귀여운 얼굴이 떠올라 어느새 발길을 멈춘 채 미소가 피어오른다.

팬지는 보통 키가 15~30cm 정도로 1개의 꽃대에 한 송이의 꽃이 피어난다. 워낙 다양한 색상이 존재해 보는 재미가 있으며, 아담한 크기로 화단을 장식할 때 많이 이용되는 꽃이기도 하다. 지중해 연안에 있는 유럽이 원산지인 팬지는 삼색제비꽃과 다른 종들을 교배해 만들어진 제비꽃속 식물이다. 4세기 유럽에서 발견되어 19세기부터 개량되기 시작해 새로운 품종이 계속 만

팬지 Pansy

Viola tricolor L.

수제 종이에 펜과 잉크, 10×15cm

기본 정보

학명	서식지	꽃말
Viola tricolor L.	길가, 공원	사색, 나를 생각해 주세요
영명	개화 시기	관련 단어
pansy	4~5월	#봄꽃 #넥타가이드 #Pensée
분포 지역		
한국(식재), 유럽(원산)		

들어졌으며, 지금까지 대중에게 사랑받는 꽃이 되었다. 신품종 중에는 색이 바랜 듯한 엔틱 팬지도 있고 전체적으로 프릴이 달린 것처럼 화려한 팬지 등도 있어서 앞으로 어떤 개량종이 나올지 기대되는 꽃 중 하나다.

팬지의 잎사귀는 어긋나기 하며 긴 타원형으로 잎 가장자리는 둔한 톱니 모양을 하고 있다. 팬지꽃은 4~5월에 피어나며 지름은 5~8cm로 덩치에 비해 꽤 큰 꽃 얼굴을 가지고 있다. 잎겨드랑이에서 나오는 긴 꽃대에서는 5개의 꽃받침조각으로 감싸진 하나의 꽃봉오리가 옆을 향해 나온다. 개화한 팬지꽃의 꽃잎은 모두 5장인데 이 중 2장은 위를 향하고, 2장은 양옆을 향하며, 나머지 1장은 아래를 향한다. 위의 2장은 무늬가 없고, 좌우 꽃잎과 아래 꽃잎에는 모두 무늬가 있다. 팬지의 특징적인 무늬는 다양한 우량 계통이 생산되면서 변형이 많아지고 있다.

팬지꽃의 중심부에 있는 이 특징적인 무늬는 넥타 가이드nectar guide라고 불린다. 꽃의 중심부 무늬는 꽃잎의 주조색과 대조적으로 어두운색을 띠고 있으며, 고양이 수염처럼 생긴 줄이 있어 비행 중인 꽃가루 매개자에게 멀리서도 이곳에 꿀이 존재하니 믿고 착륙해도 된다는 약속의 신호를 보낸다. 꽃의 중심에는 살짝 드러난 암술머리가 보이고 수술은 보이지 않는다. 위를 향하고 있는 꽃잎을 살짝 들어보면 안쪽의 씨방을 감싸고 있는 5장의 막처럼 생긴 수술이 보인다.

꽃의 중심에서 꽃가루 매개자가 꽃가루를 묻힐 만한 수술과 암술을 발견했는데 과연 팬지의 꿀은 어디에 있는 것일까? 넥타 가이드가 가리키고 있는 방향을 살펴 보자. 꽃가루 매개자를 암술 쪽으로 유도하는 고양이 수염을 보면 유추가 가능하다. 바로 팬지꽃 잎 중 가장 밑에 있는 꽃잎 뒤쪽에 꿀주머니가 숨겨져 있다. 꽃가루 매개자들은 이 꿀주머니를 찾아 가운데 암술이 있는 작은 구멍으로 파고 들어갈 때 1개의 암술과 5개의 수술을 지나며 온몸에 꽃가루를 묻히게 된다. 그리고 안쪽의 꿀을 충분히 먹은 후 다른 팬지꽃으로 날아가 수정을 돕는다. 누이 좋고 매부 좋은 일이 아닐 수 없다. 꽃가루 매개자는 꿀을 얻고 팬지는 편하게 번식하니 말이다.

팬지pansy라는 이름은 '생각, 마음, 사유'라는 뜻을 지닌 프랑스어 Pensée와 '생각하다'라는 뜻을 지닌 penser에서 파생되었다고 한다. 그래서인지 현재도 Pensée라는 단어는 팬지, 삼색제비꽃이라는 여성형 명사로 쓰인다.

프랑스의 유명 조각가인 오귀스트 로댕Auguste Rodin은 1888년 〈생각하는 사람〉이라는 크기가 186cm에 이르는 청동조상을 선보인다. 이 조각상의 이름은 프랑스어로 Le Penseur이다. Penseur는 사색가라는 뜻으로 '생각하다'라는 penser에서 파생된 것이다. 로댕의 생각하는 사람과 팬지는 어쩌다 이런 동일한 어원을 지니게 되었을까? 로댕의 〈생각하는 사람〉을 한 번 살펴보면 그 해답이 보일 수 있다.

고뇌에 빠진 한 사람이 바닥을 내려다보며 고개를 살짝 기울인 채 사색에 잠겨 있는 듯 보인다. 이제 팬지를 한번 살펴보자. 팬지의 꽃봉오리는 잎겨드랑이에서 나올 때 옆을 향해 나오는데 마치 '생각하는 사람'처럼 고개를 살짝 기울인 채 나온듯 보여 사람이 사색에 잠긴 모습과 비슷해서 지어진 이름이라고 들 한다. 이것이 팬지의 꽃말 중 하나가 '사색'인 이유이기도 하다. 팬지의 또 다른 꽃말인 '나를 생각해 주세요' 덕분에 유럽에서는 밸런타인데이Saint Valentine Day에 팬지를 선물하며 사랑을 고백하기도 했다.

꽃의 이름 하나에도 이런 재미난 이야기들이 존재한다. 봄이 되어 화단에 심어진 팬지를 만나게 되면 잠깐 멈춰 서서 들여다보자. 이름이 가지고 있는 비하인드 스토리처럼 골똘히 생각하는 사람의 모습이 보이는지 요리조리 살펴보기를.

10

의좋은 형제들
칠레소나무

식물세밀화가로 살아오면서 다양한 식물들을 보기 위해 많은 곳을 돌아다녔는데, 그중 가장 선명히 기억나는 나무와의 만남이 있다. 한참을 멍하니 서서 나무 끄트머리를 보기 위해 한없이 올려다본 나무. 영국 리치먼드에 있는 큐가든의 칠레소나무가 바로 그 만남의 주인공이다. 칠레소나무의 역동적인 줄기의 움직임에 매료되어 영국에서 돌아오자마자 스케치하던 기억이 난다. 마치 하늘에서 땅으로 기어 내려오는 수많은 원숭이의 기다란 꼬리들이 뒤엉켜 있는 모습처럼 보였다. 칠레소나무의 수많은 이름 중의 하나가 왜 원숭이 꼬리 나무Monkey tail tree인지 짐작게 했다.

칠레소나무는 나무의 최대 지름(수관폭)이 2.5m에 키가 무려 50m까지 자라나 전체적으로 원뿔 형태를 이루고 있다. 이러한 형태를 이루게 된 것은

칠레소나무 Chile pine

Araucaria araucana

종이에 색연필, 35.5×43.3cm

기본 정보

학명

Araucaria araucana

영명

Chile pine, Monkey puzzle tree, Monkey tail tree

분포 지역

칠레 중남부, 아르헨티나 서남부

서식지

남미 안데스 산맥

개화 시기

11~3월

꽃말

정절, 장수, 불로장생

관련 단어

#멸종위기종

#멍키퍼즐트리

#칠레소나무

'빛' 때문이라고 할 수 있다. 칠레소나무의 잎은 가지를 따라 돌려나며 빛을 최대한 많이 서로 나눠 갖게 된다. 빛 흡수를 극대화하기 위해 잎사귀뿐만 아니라 가지들 역시 돌려나기를 한다. 어린나무일 때부터 가지들이 대칭을 이루며 돌려난다. 나무에서 가장 낮은 위치에 있는 가지들은 계속 길게 자라나고, 가장 높은 위치의 가지들은 이제 막 새롭게 자라나 짧기 때문에 칠레소나무의 모든 가지는 빛을 최대한 흡수할 수 있다. 마치 의좋은 형제들처럼 함께 빛을 골고루 받으며 두루두루 잘 살아가기 위한 방법을 찾아낸 것이다.

상록 침엽수인 칠레소나무는 남아메리카의 안데스산맥이 원산지다. 영명으로 원숭이 퍼즐 나무Monkey puzzle tree라고도 불리는데, 단단하고 가시가 달린 잎이 빽빽하게 자라나 나무 타기 선수인 원숭이도 오르기 힘든 퍼즐 같다고 해서 붙여진 이름이다. 길이 4cm, 폭 3cm 정도의 비늘 모양인 삼각형 잎들은 두껍고 단단하며 잎끝에는 날카로운 가시가 있어 초식 동물로부터 잎이 뜯어 먹히지 않는다. 잎의 수명은 평균 24년이며 매우 특이하게 아주 오래된 가지를 제외한 모든 가지가 잎으로 뒤덮여 있다. 가장 오래 전에 자라난 긴 줄기의 잎은 갈색으로 변하고 그보다 어린 줄기의 잎들은 초록색을 띤다. 갈색과 초록이 어우러진 모습은 상상 이상으로 아름답다.

칠레소나무의 수나무 가지 끝에는 최대 길이 15cm의 원추형 꽃가루 구과가 달린다. 수나무의 꽃가루가 바람에 날려 암나무에 있는 조금 더 둥그스름한 10~18cm 크기의 종자인 구과를 수분시키고 약 200개의 씨앗을 맺는다. 칠레소나무의 큰 씨앗은 성숙되는 데 2년의 세월이 걸리며, 예로부터 안데스산맥에서 살던 사람들의 중요한 식량이 되었다.

2억 년이나 된 칠레소나무의 화석 표본이 공룡이 지구의 주인이던 쥐라기 시대의 바위에서 발견되었다. 칠레소나무의 껍질은 불에 강해서 화산의 경사면에 있는 바위에서도 자랄 수 있는 강인함을 지녔기 때문에 가능한 일이 아니었을까 싶다. 수많은 공룡 사이에서도 잎 끝에 달린 날카로운 가시로 본인을 보호하며 지금까지 개체를 이어온 칠레소나무는 현재 멸종 위기에 처한 식물 중 하나다.

전 세계의 생물다양성, 자연보전, 기후변화 등 지구와 관련된 전반적인 문제를 해결하기 위해 1948년 설립된 세계자연보전연맹IUCN, the International Union for Conversation of Nature은 UN의 지원으로 전 세계 야생 동식물 보호를 위한 업무를 수행한다. 2~5년마다 멸종 위기에 처한 생물종을 분류하는데 'IUCN 적색목록'은 전 세계 모든 생물종의 실태를 조사하고 '멸종 위기 등급'을 기준으로 평가한 목록이다. 칠레소나무는 1976년 칠레 천연기념물로 지정되었으나 다양한 산업에 좋은 목재로 사용되며 행해진 무분별한 벌목과 서식지 파괴로 현재는 IUCN의 적색목록 중 특별한 보호가 요구되어 멸종 위기 상태로 간주되는 위기Endangered, EN 범주에 속한다. 참고로 기후변화로 생태계에서 점차 사라져가는 우리나라의 구상나무는 이보다 더 높은 단계의 위급Critically Endangered, CR에 속한다.

칠레소나무가 오래된 잎과 새로 난 잎들이 빛을 골고루 나눠 가지며 오랜 시간 한 나무에서 의좋은 형제처럼 살아가듯 인간도 지구에서 함께 살아가는 식물들과 상부상조하며 살아가는 의좋은 형제가 되는 방안이 절실한 때다. 문명의 발달도 중요하지만, 지구의 주인은 결코 인간이 아니라는 점을 깨달아야 한다. 우리가 살아가는 이 땅 위에 함께 생존하는 모든 것들과 잠시 지구를 빌려 쓰는 것일 뿐임을 기억하자. 이제는 지구 온난화global warming를 넘어서 끓는 지구global boiling가 되어 버렸다. 심각한 기후 변화로 사라져가는 식물들을 보며 그것이 곧 우리의 모습이 될 수 있음을 잊어서는 안 된다.

11

팔색조
수국

대부분의 시간에 그림을 그리고 책을 쓰느라 작업실 붙박이로 살지만, 잠깐의 여유가 생기면 제주도를 찾는다. 제주도에서 계절마다 관찰하는 다양한 식물들은 계절의 변화를 온전히 느끼게 한다. 겨울에는 붉은 동백꽃으로 가득 차고, 봄이 되면 벚꽃 천지이며, 여름이 되면 가지각색의 수국이 가득하다. 그중에서도 여름 수국은 몽환적이면서도 풍성한 느낌이 들어서 가장 좋아하는 꽃 중 하나다.

수국의 이름을 잘 살펴보면 수국의 몇 가지 중요한 특징을 알 수 있다. 수국水菊은 이름 그대로 물을 좋아하는 국화라는 뜻이다. 수국의 학명 *Hydrangea macrophylla* 중 속명 *Hydrangea* 역시 라틴어로 물그릇이라는 뜻을 지니고 있어 수국이 얼마나 물을 좋아하는 식물인지 보여준다. 예로부터 수국은 꽃이 피어나는 시기가 장마철과 겹쳐 장마의 시작을 알리는 '장마꽃'이라 불리

수국 Bigleaf hydrangea

Hydrangea macrophylla

에칭, 애쿼틴트, 15×20cm

기본 정보

학명

Hydrangea macrophylla

영명

Bigleaf hydrangea

분포 지역

한국, 일본, 중국 등 북반구

서식지

비옥하며 습기가 많은 토양,
그늘진 곳에서도 잘 자람

개화 시기

6~7월

꽃말

변덕

관련 단어

#여름꽃 #중성화
#장마꽃 #리트머스
#도체비고장 #도체비낭

기도 했다. 습기가 많은 비옥한 땅에서 잘 자라나는 데는 다 그만한 이유가 있었던 것이다.

수국의 학명 중 종명 *macrophylla*는 크고 긴 잎이라는 뜻을 지니고 있는데 영명에서도 이 특징을 언급하며 'Bigleaf' hydrangea라고 불린다. 마주나기를 하는 수국의 잎은 15cm까지 자란다. 꽃이 없는 상태의 수국 잎사귀를 보고 깻잎을 닮았다고 하는데, 그도 그럴 것이 달걀 모양의 잎 가장자리에는 톱니가 있어 흡사해 보인다. 그러나 결정적으로 수국 잎은 깻잎보다 훨씬 두껍다.

중국에서는 수국을 '비단에 수를 놓은 둥근 꽃'이라는 뜻의 수구화繡毬花라고 부른다. 결혼하는 신부들의 부케처럼, 혹은 커다란 공처럼 보이는 풍성한 수국꽃은 사실 꽃잎처럼 보이는 큰 꽃받침조각들로 이뤄져 있다. 자세히 보면 꽃받침조각들 가운데 아주 작은 구슬 모양의 꽃송이들이 4~5개의 꽃잎을 펼치며 별 모양으로 피어난다. 암술은 퇴화된 암술대 3~4개, 수술은 10개 정도다. 우리가 현재 흔하게 보는 수국은 일본에서 발견된 산수국을 관상용으로 품종 개량한 것이다. 화려한 생김새와는 다르게 생식 기능이 없는 중성화中性花, neuter flower로 이뤄져 씨앗이 생기지 않기 때문에 꺾꽂이로만 번식할 수 있다.

참고로 산수국은 중앙에 암술과 수술이 모두 있는 작은 양성화兩性花, bisexual flower가 올망졸망 모여 있다. 그러나 존재감이 없는 작은 양성화들로는 꽃가루 매개자를 유인하기가 힘들다. 그래서 산수국은 작은 양성화를 둘러싼 꽃받침조각들의 크기를 부풀리고 화려한 색감으로 만들어 꽃가루 매개자들을 유혹해 번식을 위한 열매를 맺는다.

제주도에서는 수국의 모종인 산수국을 일컬어 '도체비고장', '도체비낭'이라 한다. 도체비고장은 '도깨비꽃', 도체비낭은 '도깨비나무'를 뜻하는 말로 이렇게 불린 것은 수국의 특징과도 큰 연관성이 있다.

수국은 토양의 산성도에 따라 꽃받침조각의 색상이 결정된다. 리트머스 용지는 산성에서 붉은색, 알칼리성에서 푸른색을 띠지만 수국은 pH 7 이상의 알칼리성 토양에서는 분홍빛을 띠고, pH 7 이하의 산성 토양에서는 푸른빛을 띤다. 산성 토양에 많이 존재하는 알루미늄은 물에 용해되어 수국의 뿌리로 흡수가 가능해진다. 산성 토양에서 수국이 흡수한 알루미늄은 원래 수국이 지니고 있던 붉은색을 결정하는 안토시아닌과 결합해 파란빛의 꽃받침조각이 피게 되는 것이다. 알칼리성 토양에서는 흡수할 수 있는 알루미늄이 없기 때문에 수국의 꽃받침조각이 안토시아닌 본연의 색인 붉은빛을 띤 분홍색 꽃받침조각으로 피어난다. 수국의 꽃말이 변덕인 이유도, 수국의 생약명이 팔선화八仙花인 까닭도 이 다채로운 색의 변화 덕분이다.

이러한 특징을 잘 이용하면 좋아하는 꽃 색상으로 수국을 키워낼 수 있다. 핑크빛 수국을 원한다면 인산이나 석회질이 많은 토양을 넣어줘 수국의 알루미늄 흡수를 낮추면 된다. 만약 푸른빛 수국을 원한다면 피트모스나 황산알루미늄을 토양에 섞어 산성도 높은 흙을 만들어 알루미늄 흡수를 높이면 된다. 사실 토양의 산성도에 따라 색의 다채로운 변화는 수국의 모종인 산수국이 꽃가루 매개자들을 유혹하기 위한 전략이라고도 할 수 있다. 산성 토양에서 사는 곤충들은 푸른색을, 알칼리성 토양에 사는 곤충들은 붉은색을 좋아하기 때문이다. 근래에는 원예 품종이 계속 개량되어 토양의 산성도와 상관없이 수국의 꽃 색상이 고정된 경우도 많다.

수국을 보면 우리나라 천연기념물 중 하나인 팔색조八色鳥가 떠오른다. 머리는 갈색, 목과 배는 흰색, 등은 녹색, 가슴은 갈색, 아랫배는 선홍색, 다리는 엷은 갈색, 꽁지는 누런 재색인 팔색조처럼 수국이 아름답게 수놓을 다양한 색의 향연이 열리는 여름이 늘 기다려진다. 다가올 여름에는 물 좋아하는 수국을 보러 다시 탐라국으로 떠나야겠다.

12

지혜로운 난로

앉은부채

날씨가 추워지면 다들 두툼한 옷을 꺼내 입는다. 그리고 초봄의 꽃샘추위까지 다 지나고 나서야 옷차림이 조금씩 얇아지기 시작한다. 추운 겨울을 보내는 자연의 생명체들은 어떨까? 주위에서 흔하게 볼 수 있는 텃새인 참새는 가을이 되면 겨울깃으로 털갈이를 해 털을 부풀리기 시작한다. 또한 먹이를 구하기 힘든 추운 겨울이 되기 전 몸에 지방을 비축한다. 이러한 준비 끝에 겨울을 맞이한 참새들은 한껏 부풀린 깃털들 사이에 보온층을 만들어 따뜻한 체온을 유지하는 것이다. 다람쥐는 추운 겨울을 대비해 굴을 파고 그 안에서 겨울잠을 청한다. 자는 동안 에너지 소비를 최소화하기 위해 호흡과 심장박동수를 감소시킨 상태에서 겨울잠에 들어 돌아올 봄을 기다린다. 이처럼 살아 있는 생명체들은 각자의 방식으로 추위로부터 본인을 지키는 방법을 터득하며 살아왔다. 이번에 소개할 앉은부채는 독특한 방식으로 추위로

앉은부채 Skunk cabbage

Symplocarpus renifolius

수제 종이에 펜과 잉크, 10×15cm

기본 정보

학명
Symplocarpus renifolius

영명
Skunk cabbage

분포 지역
한국(제주도 제외), 북미,
일본, 러시아 사할린 등

서식지
산지의 응달의 부식질이
많은 비옥한 땅

개화 시기
3~5월

꽃말
그냥 내버려두세요

관련 단어
#발열식물 #항온식물
#호랑이배추

부터 자신을 지켜낸다.

영명 Skunk cabbage로 짐작할 수 있듯이 앉은부채는 미약한 암모니아 냄새를 풍긴다. 꽃이 지고 나면 부채처럼 넓적한 잎이 나오는데 중국에서는 냄새나는 배추라는 뜻의 '취숭臭菘'이라 불렀고, 우리나라에서는 독성이 있어 먹으면 호랑이만큼 무서운 통증에 시달린다고 해서 '호랑이배추'라고 부르기도 했다. 악취와 독성은 초식 동물로부터 자신을 보호하려는 앉은부채의 방편이었을 것이다. '그냥 내버려두세요'라는 꽃말 역시 이런 특징 때문에 유래된 것은 아닐까.

앉은부채는 한번 보면 잊을 수 없는 독특한 생김새를 가지고 있다. 잎보다 꽃이 먼저 피며, 언 눈이 완전히 녹기도 전인 2월부터 산골짜기 곳곳에서 얼룩덜룩한 자색 반점이 있는 작은 고깔 모양으로 솟아오른다. 고깔 모양 안에는 둥근 구형의 특이한 꽃이 존재한다. 마치 장삼을 입고 가사를 두른 스님이 가부좌를 틀고 앉아 있는 형상이다.

둥근 공을 닮은 꽃을 감싸고 있는 것은 불염포라고 부른다. 이것은 천남성과Araceae 식물에서 육수꽃차례spadix를 감싸며 자라는 커다란 변형된 잎인 포苞, bract를 말한다. 이 불염포 안에 있는 지름이 5~12cm인 육수꽃차례는 도깨비방망이를 닮았다. 일반적인 꽃의 형태와는 전혀 다른 모양이다. 거북이 등껍질처럼 갈라진 듯 보이는 작은 꽃들이 다닥다닥 모여 있고 각각 연한 자주색을 띠는 4개의 꽃잎과 암술 1개, 수술 4개를 지니고 있다.

앉은부채는 한 꽃에 암술과 수술이 모두 들어 있는 양성화인데 한 꽃에서 자신의 꽃가루를 자기 암술머리에 붙이지 않기 위해, 즉 제꽃가루받이자가 수분, 自家受粉, self-pollination를 피해 암술과 수술의 성숙 시기를 달리한다. 딴꽃가루받이타가수분, 他家受粉, cross pollination를 하게 되면 다른 유전자와 섞여 변화무쌍한 자연환경에서 좀 더 건강한 종족 번식이 가능하기 때문이다. 앉은부채는 암술이 먼저 성숙하는 암술기 후 잠깐 암술과 수술이 공존하는 양성기bisexual를 거쳐 수술이 성숙하는 수술기로 전환된다.

앉은부채는 암술과 수술의 순차적인 성숙을 유도하려고 자체적으로 열을 발생시키는 발열식물thermogenic plant이다. 외부 온도가 낮은 밤에는 내부 온도를 높이기 위해 많은 열을 발생하고, 외부 온도가 비교적 높아지는 한낮에는 적은 열을 발생해 불염포 내 온도를 일정하게 맞추는 항온식물homeothermy plant이기도 하다. 앉은부채의 불염포가 항상 열려 있기 때문에 외부 온도의 영향을 많이 받으니, 초봄의 쌀쌀한 추위에 자체적으로 보일러 시스템을 작동해 살아갈 방도를 찾아낸 것이다.

재미난 점은 앉은부채보다 조금 더 늦은 여름에 피는 강원도 이북 고지대에 자생하는 애기앉은부채는 불염포 안의 온도를 조절할 필요가 없는 비발열식물nonthermogenic plant이다. 여름의 더운 온도 탓에 꽃의 성숙을 유도할 필요가 없기 때문이라고 추측된다.

이 세상에 존재하는 생명체들은 각자가 살아가는 환경에 적합하게 진화되어 왔다. 앉은부채 역시 초봄의 추위에 살아남아 자손을 번식시키기 위해 스스로 열을 내고 유지하는 방식을 택해 살아남았다. 척박한 환경 속 각자의 위치에서 삶을 위해 최선을 다하는 식물들을 보면 비나 추위를 피할 수 있는 집 뿐만 아니라 온갖 풍요로움에 둘러 쌓인 인간의 삶이 얼마나 많이 가진 삶인지 생각해보게 된다. 그럼에도 불구하고 조금 더 갖지 못함에 투덜거렸던 모습이 부끄러워진다. 식물을 관찰하고 그리면서 학교에서 배운 것들보다 더 많은 인생의 지혜를 매번 배운다. 어떠한 마음으로 살아가야 하는지 생각하게 만드는 앉은부채는 장삼을 입고 가사를 두른 자연계의 진정한 스님일지도 모른다는 생각이 든다. 덩치는 작지만 내게 큰 깨우침을 주는 큰 존재임이 분명하기 때문이다.

13

붉은 금
사프란

8세기경 이슬람 무어인들은 스페인의 남서부를 점령해 800년간 이슬람 왕국을 세웠으며, 알람브라 궁전 등 이국적인 문화유산을 남겼다. 이때 무어인들에 의해 쌀이 스페인에 들어오면서 만들어진 음식이 파에야paella다. 파에야는 발렌시아에서 축제 때 친지들과 주로 먹는 음식이 되었고 현재는 스페인의 대표 음식이 되어 사랑받고 있다. 파에야는 넓고 얕은 팬에 해산물, 고기, 채소, 쌀 등을 함께 볶은 전통요리다. 파에야의 특징 중 하나는 사프란이라는 향신료를 넣어 황금빛을 더하고 독특한 향미를 낸다는 점이다. 향신료인 사프란 역시 무어인을 통해 유럽에 소개되어 스페인을 중심으로 생산되기 시작했다. 우리가 향신료로 쓰는 사프란은 사실 사프란꽃의 암술을 따서 말린 것이다.

사프란은 10월에서 11월에 2주간 개화하는 연보랏빛 꽃이다. 봄에 꽃이

사프란 Saffron

Crocus sativus L.

수제 종이에 펜과 잉크, 10×15cm

기본 정보

학명

Crocus sativus L.

영명

Saffron

분포 지역

유럽 남부, 서아시아 등 온대지방

서식지

온대지방의 비가 적은 곳

개화 시기

10~11월

꽃말

환희, 지나간 행복

관련 단어

#금보다비싼향신료

#파에야

#가을크로커스

피는 관상용 초화인 크로커스crocus purpureus와는 구분된다. 알기 쉽게 봄에 피는 종을 크로커스, 가을에 피는 것을 사프란으로 구분 짓기도 한다. 그래서 사프란을 사프란 크로커스saffron crocus, 가을 크로커스autumn crocus라고 부르기도 한다. 사프란과 닮았다고 이름 자체로 우기는 식물이 하나 있는데 나도사프란*Zephyranthes carinata*이다. 사프란과 생김새가 비슷해서 붙여진 이름이지만 붓꽃과 식물인 사프란과는 전혀 다르다. 나도사프란은 수선화과 식물이고 관상용이며 식용이 불가하다.

사프란은 납작한 공 모양의 지름 3cm 내외의 알뿌리에서 발아된다. 꽃은 피지만 열매는 맺지 않고 알줄기를 분구해서 번식시키는데 8~9월에 심어야만 꽃을 볼 수 있으며, 자라나는 높이가 15cm 정도의 아담한 식물로 비가 적은 온난한 기후에서 잘 자란다. 사프란은 선형의 잎이 먼저 나오고 그 사이에서 짧은 꽃줄기를 지닌 깔때기 모양의 꽃봉오리가 올라온다. 꽃이 피면 지름이 3cm 정도로 화피花被, perianth는 총 6장이고 세 갈래로 갈라진 붉은빛의 암술대와 6개의 수술이 있다.

사프란의 학명을 보면 속명 *crocus*는 그리스어로 '실'이라는 뜻을 지니고 있는데 암술이 실처럼 가늘게 세 갈래로 갈라져 나오는 데서 유래한다. 종소명인 *sativus*는 라틴어로 '재배한다'는 뜻이다. 모든 식물의 학명을 살펴보면 그 식물의 특징을 알아내기 쉽다. 그렇다면 사프란은 실처럼 가늘게 갈라지는 암술을 재배한다는 뜻 정도로 해석된다.

사프란의 진홍빛 암술은 말리면 붉은색이 되고 물에 넣으면 황금빛이 우러난다. 암술은 향신료로 사용되며 독특하고 매혹적인 향을 지녔고 쓴맛과 단맛을 낸다. 특히 생선 요리에 곁들이는 소스를 만들 때 은은한 향과 노랗게 변하는 색감을 만들기 위해 많이 이용해 왔다. 말린 사프란은 고대 그리스나 로마 시대에는 황금색으로 왕실 의상을 염색하는 데 사용되기도 했다. 영국 왕실에서는 사프란으로 머리를 염색하기도 했다.

사프란꽃은 동틀 무렵 피어나기 시작한다. 그렇기 때문에 사프란의 암술을 따려면 날이 밝아지기 시작했을 때 부지런히 작업을 시작해야 한다. 워낙 꽃도 암술도 작다 보니 기계로 암술을 수거하는 일은 거의 불가능하다. 그러므로 꽃이 시들기 전에 사람이 직접 허리를 구부려 가며 땅바닥에 붙어 낮게 피어난 사프란 꽃 속 암술을 일일이 조심스럽게 따내야 한다.

겨우 2주 밖에 개화하지 않는 사프란꽃은 하나의 구근에서 겨우 4~6개의 꽃만 피어난다. 하나의 꽃에는 오직 세 가닥의 암술 밖에 없으니 하나의 구근을 통해 얻을 수 있는 최대 암술은 많아야 20개가 채 되지 않는다. '붉은 금'이라 불리는 사프란 향신료 1g을 얻기 위해서는 1000개의 암술을 따서 말려야 한다. 이런 이유로 사프란은 여전히 세계에서 가장 비싼 명품 향신료이며, 최고급 사프란은 금값보다 비싸다.

겨우 15cm밖에 안 되는 작은 꽃 한 송이에 들어 있는 암술 세 가닥은 인간의 눈, 코, 입을 수 세기 동안 매료시켰다. 최근 암세포 증식을 억제하고 항암 효과가 있다는 연구 결과와 함께 더욱더 인간에게 이로운 '붉은 금'이 되지 않을까 싶다.

14

플랜 B
금낭화

집에서 작업실로 향하는 길은 오래된 나무들이 줄지어 선 모습이 장관이다. 특히 5월이 되면 싱그러운 잎들이 솟아나 연두빛 터널을 이루고 그 길을 걷는 내 걸음은 더욱 더 느려진다. 정신없이 걷다 보면 놓치는 멋진 광경이 있기 때문이다. 그 길 끝에 있는 경비실 처마 밑의 밝은 그늘에서 피어나는 금낭화들은 습기가 있는 그늘진 곳을 좋아하는데 마치 휘어진 활처럼 대롱대롱 꽃을 달고 나타난다. 매일매일 조금씩 달라지는 금낭화의 성장 과정을 지켜보는 재미는 무엇과도 바꿀 수 없다.

금낭화는 특유의 모습으로 다양한 이름이 존재한다. 옛 여인들이 치마 안에 달고 다니던 복주머니를 닮아 며느리주머니라고 부르기도 했으며, 이 비단 복주머니가 금낭錦囊이라 불린 것에서 유래되어 금낭화로 불린다고도 한다.

금낭화 Bleeding heart

Dicentra spectabilis (L.) Lem.

에칭, 10×10cm

기본 정보

학명

Dicentra spectabilis (L.) Lem.

영명

Bleeding heart, lady-in-a-bath

분포 지역

한국, 일본, 중국

서식지

습기가 있는 그늘진 곳

개화 시기

5~6월

꽃말

당신을 따르겠습니다

관련 단어

#며느리주머니

#자가수분

#욕조안의여인

#심장을닮은꽃

영명은 피 흘리는 심장이라는 뜻을 지닌 Bleeding heart라고 하는데, 보기에 따라 줄기에 매달려 있는 꽃송이의 모습이 피 흘리는 심장처럼 보이기도 한다. 사람 눈은 다 비슷한지 독일어로도 Tränendes Herz, 눈물 흘리는 심장이라고도 불린다. 금낭화의 재미난 이름 중에는 lady-in-a-bath가 있다. 금낭화꽃을 거꾸로 뒤집어 분홍색 외화피를 살짝 아래로 잡아당기면 하얀색 꽃부리가 드러나며 핑크색 욕조 안에서 반신욕을 즐기는 새하얀 여인처럼 보이기도 하기 때문이다.

금낭화는 긴 꽃대에 꽃자루가 있는, 여러 개의 꽃이 어긋나게 붙어 밑에서부터 피어나기 시작하는 총상 꽃차례이다. 길고 연약해 보이는 원줄기 끝에는 3~15개의 꽃이 주렁주렁 달린다. 꽃들이 피어나면 연약한 줄기는 그 무게로 인해 활처럼 휘어 아래로 처진다. 잎자루가 긴 잎은 어긋나게 자라고, 잎 가장자리는 밋밋하다. 잎몸은 깃털 모양으로 갈라져 있으며 잎 조각이 한 곳에 3개씩 모여 있고, 하나의 잎 조각은 얕게 세 갈래로 갈라진다.

꽃은 볼록한 주머니처럼 생겼으며 길이가 3cm, 폭은 2cm 정도다. 꽃잎은 외화피 2장, 내화피 2장, 총 4장으로 꽃자루 부분이 하트의 움푹 들어간 부분을 닮은 편평한 심장 모양이다. 이런 특징 있는 모양 때문에 금낭화는 하트플라워heart flower라고도 불린다. 그림 속 가장 오른편에 있는 하트 모양의 꽃이 성숙되면 그 옆에 있는 양 갈래 삐삐 머리를 한 소녀처럼 분홍색 외화피의 끝부분이 뒤로 젖혀진다. 그때 숨겨져 있던 하얀 내화피 2장으로 감싸진 꽃부리 부분이 훤히 드러난다. 그 꽃부리 안에는 꽃밥과 암술머리가 있다.

금낭화는 꽃자루 쪽 꽃 안에 꿀샘이 있어 꽃가루 매개자들을 유인한다. 이런저런 동영상 자료들을 찾아보면 어떤 영리한 꽃가루 매개자는 꽃자루

쪽 외화피를 뚫고 꿀을 빨기도 하고, 좁디좁은 꽃부리를 부여잡고 머리를 처박아 씨방 위에 있는 꿀을 빨기도 한다. 금낭화의 꿀샘은 꽃가루 매개자들을 유인할 수는 있지만, 꽃 아래쪽에 아주 작은 꽃부리가 암술머리와 꽃밥이 빼곡히 채워진 채 감싸고 있어 곤충들을 통한 수분이 어려울 수 있다. 이런 어려움 때문에 금낭화는 꽃밥과 암술머리가 아주 가깝게 위치한 구조적 특징을 이용해 자가 수분을 하기도 한다. 자가 수분은 척박한 환경에서 꽃가루 매개자의 도움 없이 스스로 생존하기 위한 고도의 전략이다.

닫힌 꽃의 구조를 타고난 금낭화는 힘들게 만들어 놓은 꿀만 쏙 빼먹고 가는 꽃가루 매개자들의 도움 없이 자가 수분이라는 효율적인 대비책을 마련해 두고 자손 번식을 지켜나가고 있다. 식물들을 녹색 동물이라고 표현하는 것은 적극적인 자기 활동을 통해 삶을 영위해 나가는 영리한 방법들을 수세기에 걸쳐 터득해 마련해 놨기 때문일 수도 있다. 금낭화는 플랜 B를 염두에 둔 지혜로운 식물이 아닐 수 없다.

15

시계를 닮은 꽃

시계꽃

보태니컬 아트Botanical art라는 장르의 그림을 그리다 보면, 식물을 그리는 작업에 대한 규칙이 한결 부드러워진다. 보통 식물도감에 들어가는 그림인 보태니컬 일러스트레이션Botanical illustration은 평균적인 식물의 형태를 파악하고 축적을 통해 정확한 비율로 식물을 그린다. 반면 보태니컬 아트는 식물학에 근간해 식물을 분석하고 그려내지만, 작가가 식물로부터 받은 영감을 마음껏 표출해 낼 수 있는 아트적인 성향을 가지고 있다. 이러한 이유로 식물과 처음 만난 그날의 날씨는 흐렸는지 맑았는지, 이른 아침이었는지 늦은 오후였는지, 더운 여름이었는지 선선한 가을이었는지에 따라 동일한 식물을 그려도 작가마다의 해석이 달라지기도 한다.

시계꽃을 처음 만났을 때의 느낌은 지금도 생생하다. 다른 식물과는 너무 다른 특이한 모습에 마음이 한순간에 사로잡혀 UFO를 마주한 것처럼 한

시계꽃 Passion flower

Passiflora caerulea L.

종이에 펜과 잉크, 35.8×43.3cm

기본 정보

학명
Passiflora caerulea L.

영명
Passion flower, Passion vine

분포 지역
남아메리카

서식지
반양지

개화 시기
7~8월

꽃말
성스러운 사랑, 신앙심

관련 단어
#시계를닮은꽃
#passionflower
#패션프루트
#백향과

동안 멍하니 서 있었던 기억이 난다. 화려한 색감도 굉장히 인상적이지만 공학을 전공한 내 눈에 더 띈 것은 시계꽃의 구조였다. 그러한 이유로 과감히 색을 배제한 펜화로 시계꽃을 표현하기로 마음 먹었다.

누구든지 처음 시계꽃을 봤을 때는 영락없이 시계를 떠올린다. 꽃을 위에서 내려다보면 중심에서 바깥쪽으로 뻗은 우산살 모양의 부화관이 시계의 문자판과 비슷해 보이고, 암술과 수술이 시곗바늘처럼 보이기 때문이다. 겉으로 보이는 형태의 특징 때문에 붙여진 영명 역시 독특하다. 유럽에서 남미로 건너간 선교사들이 시계꽃을 처음 발견했을 때 3개의 암술은 3개의 못, 5개의 수술은 5개의 성흔, 털처럼 사방으로 뻗은 부화관은 가시 면류관을 떠올리게 해 그리스도의 수난The passion을 상징하는 꽃, 패션 플라워Passion flower라고 불렀다.

시계꽃은 독특한 다층 구조 형태로 세 갈래로 갈라진 암술과 바로 밑에 둥그스레한 씨방이 있으며, 그 아래 5개의 방사형으로 뻗어 난 5개의 수술이 있다. 그리고 그 아래 털처럼 사방으로 퍼진 부화관이 존재한다. 꽃잎처럼 보이는 부분은 사실 5개의 꽃잎과 5개의 꽃받침으로 이뤄져 있는데, 꽃받침은 끝부분에 털 형태로 튀어나온 것들이 보이며 이로써 꽃잎과 꽃받침을 구분할 수 있다.

시계꽃은 덩굴성 여러해살이풀로 줄기의 길이가 4m에 이르며 스프링처럼 생긴 덩굴손tendril을 가지고 있는데 그 표면에 있는 짧은 털들이 민감한 감지력을 지니고 있다. 덩굴손을 통해 자신의 줄기는 피하고 다른 식물의 줄기를 움켜잡아 휘감아가며 빛이 있는 방향으로 기어오른다.

시계꽃의 잎은 폭 6~8cm, 길이 5~7cm이며 손바닥처럼 다섯 갈래로 깊게 갈라지는데 갈라진 부분들은 창처럼 생겼고 잎끝은 둥글다. 이 잎은 독나비Heliconiinae 유충이 매우 좋아하는 먹잇감이다. 시계꽃의 또 다른 영명은 패션 바인passion vine인데 오죽하면 독나비의 영명이 시계꽃의 영명을 그대로 가져다 붙인 패션 바인 나비Passion-vine butterfly다. 패션 바인 독나비는 다른 독나비가 알을 낳은 잎에는 알을 낳지 않는다. 독나비 유충끼리 먹이 경쟁이 심해지거나 동족 포식을 하기 때문이다. 이러한 독나비의 특징을 알고 있는 시계꽃은 자기 잎에 독나비의 알과 비슷한 노란 무늬를 군데군데 드러낸다. 이 노란 무늬가 패션 바인 독나비의 착각을 불러일으켜 독나비 유충을 낳지 않게 만들어 시계초 잎사귀를 지켜내는 것이다. 이뿐만 아니라 시계꽃의 잎자루와 잎에는 꽃밖꿀샘extrafloral nectary이 있어 꿀을 제공해 개미 군단을 끌어들인다. 개미 군단이 잎사귀를 먹으려는 독나비 유충들을 습격해 쫓아내는 일종의 보디가드로 채용되는 것이다.

시계꽃은 달걀처럼 생긴 둥근 타원형의 열매를 맺는다. 시계꽃의 열매는 100가지 향과 맛이 난다고 해서 백향과라고도 불리는데 우리가 주로 음료수나 디저트로 먹는 패션프루트Passion Fruit가 바로 그것이다. 엄밀히 말해 시계꽃과 식물 중 하나인 에둘리스 시계꽃*Passiflora edulis*의 열매다. 학명의 종소명 *Edulis*는 '먹을 수 있는'이라는 뜻의 라틴어 ĕdúlis에서 비롯되었다. 반으로 갈랐을 때 씨가 많은 젤리 상태의 모습이 낯설지만, 오렌지와 파인애플을 섞어놓은 듯 강렬하게 톡 쏘는 향을 지닌 패션 푸르트는 비타민C, 니아신, 베타카로틴, 무기질과 미네랄 등이 풍부해 여신의 과일이라도 불린다.

꽃의 모양도 과일의 모양과 맛도, 그 어느 하나 일반적이지 않은 시계꽃은 사람의 세계에서 인간이라는 존재로 만났다면 분명 별종이라고 불렸을 것이다. 그러나 식물의 세계에서의 시계꽃은 다양한 식물 속에 존재하는 개성 있는 형태와 맛을 지닌 꽃일 뿐 그 이상도 그 이하도 아니다. 사람의 세계에서도 개성을 지닌 수많은 존재가 별종으로 취급받지 않고 그저 나와는 조금 다른 사람, 그 이상도 그 이하도 아닌 존재 자체로 인정받으며 함께 어우러져 살아가는 세상이기를 소망해 본다.

16

설계자
파피오페딜룸 로스킬디아눔

예전에는 상대방을 파악하기 위한 수단으로 혈액형을 물어봤다면, 요즘은 MBTIMyers-Briggs Type Indicator 유형을 통성명하듯 물어본다. MBTI란 프로이트와 쌍벽을 이루는 정신의학 분야의 개척자인 칼 구스타프 융Carl Gustav Jung의 심리유형론을 근거로 이사벨 브릭스 마이어스Isabel Briggs Myers와 캐더린 쿡 브릭스Katharine Cook Briggs가 고안해낸 성격유형지표다. 사람의 심리적 선호를 알아보는 검사로 4가지 선호 지표를 토대로 총 16가지 성격 유형이 파악되는데 이번에 소개할 식물은 MBTI로 치면 INTP에 해당하는 '설계자' 유형이다. 논리적인 분석을 토대로 시스템과 디자인에 매료되어 보편적 법칙을 찾아낸다는 INTP인 파피오페딜룸 로스킬디아눔의 설계자로서의 면모를 살펴보자.

파피오페딜룸 로스킬디아눔은 영명으로 로스차일드 슬리퍼 오키드Rothschild's slipper orchid 또는 골드 오브 키나발루 오키드Gold of Kinabalu orchid라고 불린다. 동남아시아 말레이제도에 있는 보르네오섬의 키나발루산 열대우림에서 로스차일드Rothschild라는 사람이 처음 발견했다고 한다. 파피오페딜룸 로스킬디아눔의 앞으로 주머니처럼 쭉 내뺀 순판이 옆에서 보면 슬리퍼를 닮았다고 해서 로스차일드 슬리퍼 오키드Rothschild's slipper orchid라고 부른다. 또 다른 이름은 짐작건대 키나발루섬에서 발견된 금처럼 귀한 난초라고 해서 골드 오브 키나발루 오키드Gold of Kinabalu orchid라고 불렀을 것이다.

분명한 계획이 있는 파피오페딜룸 로스킬디아눔의 독특한 생김새를 자세히 들여다보면 대단한 설계 실력에 무릎을 탁 치게 된다. 파피오페딜룸 로스킬디아눔은 위 아래로 줄무늬가 있는 꽃받침조각이 뻗어난다. 그리고 양 옆으로는 꽃잎 2개가 수평을 이루며 길게 뻗어져 있다. 이것들은 모두 파피오페딜룸 로스킬디아눔의 꽃가루 매개자인 꽃등에를 끌어들이기 위한 설계다. 꽃받침조각의 선명한 줄무늬와 긴 꽃잎에 무수히 많은 반점과 짧은 털들은 꽃등에가 비행 중 멀리서 봤을 때 엄청난 양의 진딧물 무리가 꽃잎에 매달린 것으로 보이게 만든다.

꽃등에의 유충은 전 생육 기간에 300~500마리의 진딧물을 먹기 때문에 산란기에는 진딧물 밀도가 높은 곳에 알을 낳는다. 이러한 꽃등에의 본능적인 선호도 때문에 한껏 요란한 반점과 모용, 줄무늬에 매혹당해 파피오페딜룸 로스킬디아눔의 가늘고 긴 꽃잎을 착륙장 삼아 사뿐히 날아든다. 날아든 꽃등에는 파피오페딜룸 로스킬디아눔 꽃 한가운데 윗부분에 솟아난 구부러진 헛수술에도 관심을 보인다. 파피오페딜룸 로스킬디아 헛수술에는 끝이 넓은 모용들이 밀집되어 있는데 꽃등에는 이 역시 진딧물 군락으로 착각해

파피오페딜룸 로스킬디아눔 Rothschild's slipper orchid

Paphiopedilum rothschildianum

에칭, 15×10cm

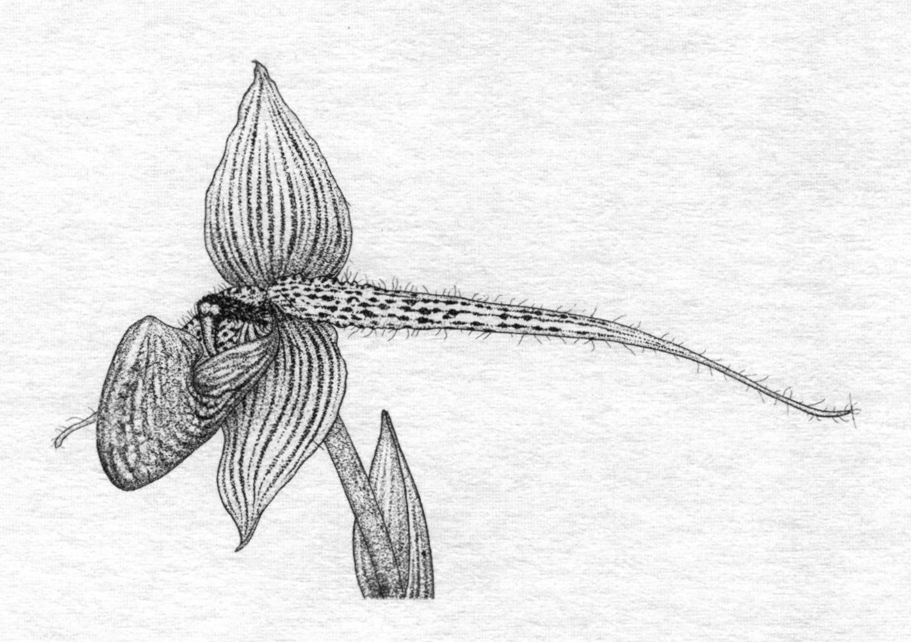

기본 정보

학명
Paphiopedilum rothschildianum

영명
Rothschild's slipper orchid, Gold of Kinabalu orchid

분포 지역
태국, 인도, 필리핀, 말레이시아 등

서식지
습기가 많은 열대, 아열대

개화 시기
4~5월

꽃말
당신의 꿈이 이루어지기를

관련 단어
#설계자 #꽃가루매개자 #꽃등에 #유혹

그곳을 알을 낳기 위한 최적의 장소로 착각하여 이동한다. 이때 파피오페딜룸 로스킬디아눔에 살포시 앉은 꽃등에가 종종 슬리퍼를 닮은 주머니 모양의 입술꽃잎 속으로 떨어져 갇힌다. 갇힌 꽃등에는 탈출하기 위해 헛수술 뒤쪽을 향하는데 나가기 전에 파피오페딜룸 로스킬디아눔의 꽃밥과 암술머리를 문지르며 지나도록 설계되어 있다. 탈출 과정 중에 꽃등에는 자연스레 파피오페딜룸 로스킬디아눔의 수분을 돕는 꽃가루 매개자로서의 준비를 마치게 된다.

이처럼 꽃가루 매개자가 가장 좋아하고 필요로 하는 것을 파악하고 그 모양을 꽃잎에 아로새겨 착륙을 유도한다. 그리고 불완전한 형태의 헛수술에서 꽃가루 매개자가 떨어질 것을 예측하고 떨어진 후 빠져나오기 힘든 주머니 구조의 입술꽃잎을 그 밑에 배치해 둔다. 입술꽃잎을 헤매고 또 헤매다가 유일한 탈출구로 나가기 위해 몸부림칠 때 암술머리와 꽃밥을 문지르게 만드는 완벽한 설계! 마치 시나리오를 짜 놓고 그에 맞춰 무대 장식을 하는 듯한 파피오페딜룸 로스킬디아눔은 식물계의 완벽한 설계자로 부를 만하지 않을까?

꽃가루 매개자가 수많은 식물 중에 자신을 선택하도록 만들어 종족 번식을 하려는 치열한 두뇌 싸움. 감쪽같이 속이는 설계자의 디자인이 돋보인 한 편의 흥미진진한 영화가 아닐 수 없다. 뿌리를 내리고 사는 식물의 치열함을 보면서 내 인생의 주연인 나는 내가 얻고자 하는 것을 위해 얼마만큼 분석하고 치열하게 내 삶을 디자인했는지 되돌아보는 계기가 된다. 내 MBTI가 INTP가 아님을 탄식하며 또 한번 멋들어진 파피오페딜룸 로스킬디아눔의 구조를 혀를 내두르며 보게 된다. 올해의 무대 디자인상은 파피오페딜룸 로스킬디아눔에게 수여되기를.

17

작명소 단골손님
복수초

내 것이지만 평생 내가 부르기보다 다른 사람이 불러 주는 횟수가 더 많은 것은 무엇일까? 바로 '이름'이다. 이름은 태어나 처음 갖게 되는 것이고, 타인에게 평생 불리는 것이기에 좋은 뜻을 담고자 작명소에서 짓기도 한다. 내 이름 역시 친할아버지가 작명소에 가서 큰돈을 내고 지으셨다고 한다. 사주에 물이 있으면 좋다고 해서 그 당시 여자아이 이름에 흔히 쓰던 꽃부리 영英이 아닌 헤엄칠 영泳을 썼다. 사람의 이름을 한자어로 많이 짓던 시절이라 지금도 한자로 된 이름을 접하면 조상이 어떤 의미를 담아 이름을 지어줬는지 알아보는 소소한 재미가 있다. 이번에 소개할 식물은 유독 다양한 의미를 지닌 이름이 많다. 작명소 단골손님이 아닌가 싶을 정도로 기가 막힌 이름들을 수도 없이 지닌 복수초의 사연을 한번 들어보자.

복수초라는 이름을 처음 들으면 제일 먼저 무슨 원한이 그리 많길래 원수를 갚는다는 복수復讐라는 뜻을 지녔나 싶다. 하지만 복수초의 복수는 다름 아닌 복福과 장수長壽를 축원한다는 뜻의 복수초福壽草다. 부유와 행복, 건강을 비는 좋은 의미를 지닌 이름을 가져서 일본에서는 새해에 선물하는 꽃이라고 한다.

복수초는 지름이 3~4cm 정도인 노란색 꽃을 피우는데, 꽃이 필 때는 키가 5~15cm 정도로 작은 편이며 땅에 거의 붙어 자라난다. 흑자색의 꽃받침조각 8~9장, 그리고 꽃받침보다 길어 수평으로 펼쳐지는 노란 꽃잎이 10~30개 정도 있다. 암술과 수술이 매우 많고 둥근 꽃밥이 생긴다. 꽃이 진 후 키가 10~30cm까지 자라며, 전체적으로 삼각형의 깃털 모양으로 2회 깊게 파인 잎이 있는데 잎끝이 피침형으로 꽃이 만개할 때는 잎이 활짝 펼쳐지지는 않는다.

2~4월에 꽃이 피는 복수초는 한겨울의 추위가 채 가시지 않은 눈과 얼음을 녹이며 그 사이에서 피는 꽃이라고 해서 얼음새꽃, 얼음꽃, 빙리화氷里花, 소빙화消氷化라 부르기도 한다. 눈 속에 피어난 연꽃이라는 뜻의 설연화雪蓮花라고 부르기도 하고, 복수초가 피기 시작하면 눈이 녹기 시작하기에 눈색이꽃이라고도 불린다. 노란색 꽃 모양이 황금잔을 닮아 측금잔화側金盞花라고도 불린다. 요즘은 기후변화로 평균 개화 시기가 점점 빨라져 1월부터 피는 복수초가 관측되기도 하지만, 예로부터 대개 2월부터 개화되어 구정쯤에 피어난다고 해서 음력 설 1월 1일 아침을 뜻하는 원단元旦에 피는 꽃이라는 뜻의 원일초元日草라고도 부른다.

눈과 얼음을 뚫고 피어나는 복수초는 엄동설한에 스스로 열을 발생해 자신의 체온을 유지하는 발열식물이다. 외부 온도에 따라 온도를 조절하는 앉

복수초 Amur adonis

Adonis amurensis Regel & Radde

수제 종이에 펜과 잉크, 10×15cm

기본 정보

학명

Adonis amurensis Regel & Radde

영명

Amur adonis

분포 지역

한국, 일본, 중국, 러시아 동북부

서식지

산지의 숲 속, 경사면의 초지

개화 시기

2~4월

꽃말

영원한 행복

관련 단어

#발열식물 #감광성 #얼음새꽃 #원일초

은부채와 같은 특징을 가지고 있다. 복수초는 기온이 떨어지는 밤에는 꽃잎을 닫으며, 햇빛이 강해지는 아침이 되면 꽃잎을 펼치기 시작한다. 복수초는 감광성感光性, photonasty을 지니고 있기 때문에 빛의 세기에 따라 꽃을 열었다 닫았다 하는 개폐 운동을 하는 것이다. 꽃잎의 안쪽 세포는 높은 온도가 생장에 최적의 상태이므로, 아침이 되어 해가 뜨고 기온이 점점 올라가 온도가 높아지면 꽃잎의 안쪽 세포가 잘 자라 꽃이 피는 것이다. 해가 지기 시작해 온도가 낮아지면 낮은 온도에서 생장이 최적화되는 꽃잎의 바깥 세포들이 잘 자라나 꽃이 닫힌다. 따라서 복수초는 햇빛이 드는 한낮에는 오목한 그릇처럼 생긴 노란 꽃이 쟁반 모양의 안테나처럼 펼쳐져 빛을 따라다니며 활짝 피었다가, 추운 밤에는 꽃을 오므리면서 이른 봄의 추위를 이겨낸다.

지혜롭기까지 한 복수초의 여러 이름들을 살펴보니 하나같이 맑고 귀한 뜻을 가지고 새해 시작을 알리는 의미들이 대부분이다. 복수초에 수많은 이름을 붙인 옛사람들은 아마도 복수초가 어려운 환경 속에서도 꿋꿋하게 피어나는 모습을 대견하게 여긴 듯싶다. 아마도 엄동설한만큼 혹독한 삶을 지탱해 나가야 하는 사람들에게 새해를 맞이하는 음력 설 1월 1일을 기점으로 다시 한 번 힘을 내서 희망차게 살아보자는 의미를 전해주는 것 같다.

18

나무에 피는 연꽃
백목련

겨우내 입었던 코트가 조금씩 무겁게 느껴지기 시작할 무렵, 우리 동네에서 제일 볕이 좋은 곳에는 가장 먼저 꽃송이가 터지듯 피어나는 커다란 백목련 나무가 한 그루 있다. 따뜻한 양지여서 동네 고양이들이 꾸벅꾸벅 볕을 쬐며 졸기도 하는 곳이다. 코끝이 시릴 정도의 찬 바람이 불어도 새파란 하늘을 배경으로 하얀 백목련 꽃송이들이 피어나면 고개를 한껏 뒤로 젖히고 한참을 서서 바라다본다. 그 새하얗고 풍성한 백목련 꽃송이의 우아함은 매년 백목련꽃이 피기를 기다리게 만드는 마성의 힘을 지니고 있다.

백목련에 얽힌 아직도 선명한 기억이 있다. 초등학생이던 나에게 엄마는 '우리 딸은 웃을 때 백목련처럼 화사하고 예쁘니 자주 웃어'라고 자주 말씀하셨다. 어린 나는 백목련 같다는 게 어떤 의미인지는 몰라서 백목련이 피는 계절이 되면 그 말을 되뇌며 어김없이 백목련을 매우 꼼꼼히 요리조리 들여다보던 기억이 난다. 어른이 되고 생각해 보니 워낙 내성적이고 겁도 많아 웃음이 적던 어린 내 얼굴에서 웃음꽃을 보고 싶으셨나 싶었다.

백목련白木蓮은 흰 백白, 나무 목木, 연꽃 련蓮으로 나무에 피는 하얀 연꽃이라는 뜻을 지녔다. 이름의 뜻을 알고 백목련꽃을 들여다보면 단아하게 피어난 모습이 진짜 연꽃을 닮은 듯도 하다. 도심에서 조경수로 흔히 보이는 백목련은 우리나라 토종 목련의 사촌이라 할 수 있는 근연종으로 중국이 원산지다.

백목련은 이듬해 피어날 꽃눈과 잎눈을 늦여름부터 가을에 걸쳐 만들어 내는 굉장히 부지런한 성격이다. 달걀 모양의 꽃눈은 2~2.5cm 정도의 크기로 겉으로 보면 털북숭이처럼 생겼다. 이것은 보송보송한 은빛 털이 있는 포엽이다. 겨울눈을 보호하기 위해 덮고 있는 비늘 조각이라고 하여 눈비늘bud-scale이라고도 부른다. 털이 수북한 눈비늘의 모습이 마치 서예 붓과 모양이 비슷하다고 하여 백목련을 나무붓이라는 뜻을 지닌 목필木蓮이라고도 불렀다. 백목련은 눈비늘로 성장 중인 꽃눈을 감싼 채 자체 단열 처리 상태로 추운 겨울 동안 휴면에 들어간다. 잎눈은 1~2cm 정도로 꽃눈보다 훨씬 작은 크기로 구분이 쉽다.

꽃눈을 감싸고 있는 눈비늘은 낙엽성 포엽이기 때문에 초봄이 되면 백목련 꽃이 피기 전에 스스로 떨어져 나간다. 백목련은 선화후엽先花後葉의 특징을 가지고 있어서 잎이 나기 전에 꽃을 피운다. 백목련꽃의 지름은 12~15cm로 형태 구분이 어려운 3개의 꽃받침조각과 6개의 꽃잎으로 이루어져 있다. 꽃자루 맨 끝에 꽃받침, 꽃잎, 수술, 암술이 자라는 부분을 꽃턱receptacle이라고 부르는데 백목련의 꽃턱은 세로로 길고 아랫부분에는 30~34개 정도의 많은

백목련 Lilytree

Magnolia denudata

메조틴트, 12×7.4cm

기본 정보

학명
Magnolia denudata

영명
Lilytree

분포 지역
한국, 중국

서식지
공원, 정원, 비옥한 사질 양토

개화 시기
3~4월

꽃말
고귀함, 이루어질 수 없는 사랑

관련 단어
#눈비늘 #선화후엽 #목필

수술들이 나선 모양으로 붙어 있다.

꽃이 지고 나면 잎눈에서 달걀을 거꾸로 매달아 놓은 모양의 다소 넓적한 8~15cm 길이의 잎사귀들이 자란다. 잎 가장자리는 밋밋하고 잎사귀 중앙을 관통하는 주맥 끝부분은 뾰족하다. 잎사귀와 함께 성장하는 연두색 열매는 혹이 군데군데 솟아난 것처럼 생겨 길쭉하게 자란다. 이 길쭉한 생김새 때문인지 여름 장마 속 세찬 빗줄기를 견디지 못하고 떨어지는 것들이 대다수이다. 장마철 백목련 나무 밑에 떨어져 있는 길쭉하고 혹이 군데군데 생긴 열매송이들을 찾아보시기를. 장마를 잘 버틴 열매송이는 가을이 되면 붉게 변하고 더욱 더 울퉁불퉁하게 변해 급기야 툭툭 터지면서 붉은색 씨앗을 드러낸다. 씨앗의 붉은색 겉씨껍질을 벗기면 하트 모양의 검은색 씨앗이 드러난다.

우리나라 제주도에서 자생하는 목련*Magnolia kobus DC.*은 중국산 백목련과 뚜렷하게 구분된다. 목련은 꽃의 크기가 백목련보다 작고 지름이 10cm 이하로 꽃잎이 활짝 벌어지며 긴 타원형의 꽃잎 아래쪽에는 연한 붉은 줄이 있다. 꽃받침조각은 선처럼 가늘며 꽃잎보다 짧고 일찍 떨어져 꽃잎과 꽃받침조각의 구분이 쉽다. 또한 목련이 필 때는 꽃 아래쪽에 1개의 어린잎이 붙어 있다. 반면 백목련은 활짝 벌어지지 않고 꽃잎에 붉은 줄이 없으며 꽃잎과 꽃받침조각의 형태적 차이가 거의 없고 꽃 아래쪽에 어린잎이 없다.

다양한 목련을 보기 위해 봄이 되면 들르는 천리포수목원에는 전 세계 1000분류군 중 926분류군의 목련이 심겨 있다. 푸른 눈의 한국인 민병갈 설립자 덕분에 매해 봄 설레는 마음으로 오로지 목련들을 보기 위해 그곳에 방문한다. 수목원의 주인은 사람이 아닌 나무라고 했던 설립자의 뜻대로 그 어떤 수목원보다 아름답고 자연 친화적인 수목원으로 기억된다. 바닷가 옆 수목원이라는 것 자체만으로도 충분히 존재 가치가 돋보이는 천리포수목원. 봄이 되면 또 그곳을 방문해 백목련과 그의 친구들을 만나 한 해의 안부를 나눠야지 싶다.

19

숨바꼭질
무화과

어릴 적부터 둘도 없는 친구 같은 연년생 여동생이 있었기에, 늘 집에서 노는 게 세상에서 제일 재밌었다. 어떤 날은 피아노 뚜껑 사이에 얇은 담요를 끼우면 생기는 공간 안에 숨어서 둘이 희희낙락하며 놀기에 바빴다. 또 어떤 날은 책장이 있는 작은 방에 몰래 숨어서 작은 스탠드를 하나 켜 두고 구연동화 하듯이 동화책을 서로 읽어주면서 소곤거리기도 했다. 그러다가 조금 더 행동반경을 넓혀서 안방 옷장에 숨고 나를 찾는 동생을 기다리던, 그 숨 막히고 조마조마했던 순간이 아직도 기억난다. 가만 보면 어린 시절의 나와 여동생은 어른들을 피해 어딘가로 숨기 좋아했던 아이들 같다. 우리만의 작은 공간으로 숨어들던 어린 시절의 나와 여동생처럼 무화과나무 역시 숨바꼭질을 꽤나 즐기는 식물인가 보다. 아무리 꽃을 찾아도 보이지 않아 '꽃이 없는 열매'라는 뜻의 무화과無花果라는 이름으로 불렸으니 말이다.

무화과 Fig

Ficus carica L.

에칭, 15×10cm

기본 정보

학명

Ficus carica L.

영명

Fig

분포 지역

국내 남부지방, 아시아 서부, 지중해

원산지

지중해 및 중앙서아시아

서식지

토심이 깊고 비옥한 따뜻한 지역

개화 시기

6~7월

꽃말

다산, 풍요

관련 단어

#숨겨진꽃

#가장오래된과수

#무화과말벌

사실 무화과나무는 꽃이 없는 식물이 아니라 꽃이 겉으로 드러나지 않고 숨어 있는 식물이다. 따뜻한 봄이 되면 잎이 나기 시작하고 곧이어 잎겨드랑이에 동그스름한 물체가 봉긋 솟아오른다. 이것은 열매가 아니라 둥근 구형의 꽃차례다. 무화과나무는 보통의 식물들과는 다르게 특이한 꽃 형태를 지녔다. 꽃잎, 꽃받침, 암술, 수술 등이 달리는 꽃턱이 동그스름한 열매 모양으로 변화된 특이한 케이스다. 그렇다면 무화과나무의 꽃은 어디에 있을까? 무화과나무꽃은 촘촘하게 작고 길쭉한 모양으로 사람이 보지 못하는 둥근 꽃차례 안쪽 벽을 따라 피어난다.

가을이 되며 무르익은 열매는 지름이 5~7cm 정도로 커지며 흑자색으로 익는다. 익은 열매를 잘라서 들여다보면 붉은색 열매살과 깨알보다도 작은 둥근 씨앗들이 들어 있다. 둥근 꽃차례 안에 존재하던 무수히 많은 작은 꽃들이 수정되어 무화과 속에 매우 작은 씨앗들이 생겨나고 꽃턱이 자라 과육이 된 것이다.

다 커도 키가 4~8m 정도로 작은키나무관목, 灌木, shrub인 무화과나무의 잎은 넓은 달걀 모양으로 두껍고 길이가 10~20cm 정도이며, 3~5갈래로 깊게 갈라져 손바닥 모양을 닮았는데 잎 가장자리는 톱니가 있다. 잎의 뒷면을 보면 잔털이 있고 매우 뚜렷한 5개의 잎맥이 있다.

성경에 등장할 정도로 세계에서 가장 오래된 과수 중 하나인 무화과나무는 이미 4000년 전 이집트에서 심었다고 한다. 16세기 독일 르네상스의 위대한 화가인 알브레히트 뒤러Albrecht Durer의 〈아담과 이브Adam and Eve〉라는 판화 작품을 보면 구약성서에 나오는 아담과 이브가 금단의 열매를 먹고 난 후 부끄러움을 느껴 무화과나무 잎사귀로 몸을 가리고 있는 것을 볼 수 있는데,

사실적인 무화과나무 잎사귀의 정교한 형태를 고스란히 느낄 수 있다.

무화과나무는 원예상 4가지로 크게 구분된다. 그중 카프리군Capri 또는 스미르너군Smyruna 무화과나무의 경우 수정을 돕는 유일한 매개자는 몸집이 매주 작은 1~1.5mm 크기의 무화과 말벌이다. 무화과 말벌들은 무화과 열매 안에서 태어나 알을 낳는다. 무화과 말벌 암컷은 잘 익은 무화과 열매 아랫부분에 있는 작은 구멍을 통해 열매 안으로 들어가 알을 낳고 죽는다. 그 알들 중 수컷이 먼저 태어난다. 수컷들은 암컷이 들어 있는 알을 찾아서 구멍을 내고 부화가 되기 전에 수정을 한다. 그 후 수컷은 암컷이 훗날 무화과 열매 밖으로 나갈 수 있도록 구멍을 뚫어 놓고 열매 안에서 죽는다. 수정이 된 암컷은 뚫린 구멍으로 나오기 위해 무화과 열매를 기어 나오다가 둥근 꽃차례 안에 있는 꽃가루를 몸에 묻힌다. 암컷이 다른 무화과 열매로 들어가 작은 꽃의 암술대 아래쪽에 알을 낳는데 이때 자신의 몸에 묻혀온 꽃가루가 암술머리에 닿아 수정이 이뤄진다. 그리고 무화과 속 꽃들은 작은 씨앗을 맺기 시작한다. 무화과 열매 속에서 죽는 무화과 말벌들은 열매가 지니고 있는 다량의 단백질 분해 효소인 피신ficin 때문에 다 녹아버려서 다 익은 무화과 열매 속에서는 보기 힘들다.

한국에는 무화과 말벌이 존재하지 않는다. 그렇다면 어떻게 무화과나무 재배를 통해 열매를 얻게 되는 것일까? 국내에서 키우는 무화과나무는 보통군Common이다. 무화과나무 보통군의 경우는 단위결실성單爲結實性이 있어 꽃가루 매개자의 도움 없이 수정하지 않고도 결실을 맺을 수 있다.

다가올 가을에는 다 익은 무화과 열매를 사다가 먹기 전에 반으로 쪼개어보면 어떨까? 자세히 관찰해보면 숨바꼭질하던 꽃들의 결실을 한가득 발견할 수 있을 것이다. 아작아작 씹히는 수많은 씨앗들과 단맛이 나는 열매살을 통해 무화과의 특징을 한 번 되짚어보는 재미가 생길지도 모른다. 오래도록 남들과 다르게 생긴 모양 덕분에 꽃이 없다는 오해를 받아 이름마저도 무화과인 무화과나무의 억울한 사연을 숨바꼭질한 꽃들의 흔적을 통해 한 번쯤 알아봐 주기를 바란다.

20

작은 거인
서울제비꽃

제비는 우리나라의 대표적인 여름새로 이른 봄 남쪽 나라에서 날아와 한국에서 번식하다가 가을철에 따뜻한 곳을 찾아 남쪽 나라로 이동하는 철새다. 이러한 제비의 습성 때문에 음력 9월 9일 중앙절에 강남으로 떠났다가 3월 3일 삼짇날 돌아온다고 이야기하곤 한다. 강남으로 갔던 제비가 돌아오면 마치 봄을 물고 온 듯 세상 곳곳에 활기가 넘쳐나기 시작한다.

요즘은 보기 힘든 제비를 대신해 봄소식을 전해주는 식물 중 하나인 제비꽃은 전 세계적으로 600여 종이나 된다. 남쪽에서 제비가 날아올 즈음에 꽃이 피어나 제비꽃이라고 불린다. 한국에는 40~60여 종이 존재하며 그중 서울 등 중부권에서 가장 먼저 피는 서울제비꽃은 한국 특산종으로 서울에서 처음 발견되어 이름에 '서울'이라는 도시명이 붙여졌다.

서울제비꽃의 잎사귀는 제비꽃 *Viola mandshurica* 과는 다르게 잎이 둥근 달

갈형이며 잎 폭이 넓다. 또한 잎 양면에 털이 있고, 잎자루 윗부분에 좁은 날개가 약간 있으며, 줄 모양의 턱잎이 잎자루 밑에 붙어 있다. 다만 잎의 모양은 지역에 따라 변이가 생길 수 있다. 그만큼 제비꽃은 종류도 많고 변이도 많아서 전문가도 종류를 구분하기가 쉽지 않다.

서울제비꽃은 5개의 꽃받침 조각이 있다. 꽃잎은 보라색이나 연보라색으로 짙은 보라색 맥이 있고 꽃대에는 털이 있다. 꽃가루 매개자인 벌들은 특히 꽃잎 전체가 보라색인 꽃들을 좋아한다. 꽃잎에 있는 짙은 보라색 맥은 넥타가이드로 자외선 스펙트럼을 포함한 특별한 범위의 파장을 감지하는 벌들에게 꿀이 있는 곳으로 안내하는 지도나 다름없다.

그렇다면 벌들의 착륙 장소인 서울제비꽃의 어디에 꿀이 존재하는 것일까? 자세히 꽃을 들여다보면 꽃 뒤쪽으로 6~7mm 길이의 옆으로 편평하게 돌출된 거꽃뿔, 距가 존재한다. 이 독특한 형태의 거 때문에 오랑캐들의 머리 모양과 비슷하다고 해서 제비꽃을 '오랑캐꽃'이라고 부르기도 했다. 서울제비꽃의 거는 제비꽃의 꿀주머니spur다. 이 꿀주머니는 꿀을 찾아 날아든 꽃가루 매개자들을 유혹한다. 꽃 깊은 곳에 숨겨진 꿀주머니 속 꿀샘은 꿀을 먹기 위해 비좁은 공간을 비집고 들어오는 곤충들이 꽃의 암술과 수술을 건드리며 자연스레 수분受粉, pollination이 이뤄지도록 돕는다. 이렇게 제비꽃은 꽃가루 매개자가 많은 봄철에는 꽃을 피우고 곤충의 도움을 받아 개화 수정을 한다.

그러나 서울제비꽃은 여름과 가을에는 꽃을 피우지 않고 닫힌 채로 피어나 수술의 화분이 자신의 암술머리로 옮겨져 자가 수정되는 폐화수정閉花受精, leistogamy을 진행한다. 이렇듯 제비꽃은 계절에 따라 꽃을 피우지 않고 씨앗을 맺는 닫힌 꽃폐쇄화, 閉鎖花이기도 하다.

서울제비꽃 Seoul violet

Viola seoulensis

수제 종이에 펜과 잉크, 10×15cm

기본 정보

학명
Viola seoulensis

영명
Seoul violet

분포 지역
한국

서식지
양지나 반음지의 물 빠짐이 좋은 들판

개화 시기
4~5월

꽃말
겸양, 순진한 사랑, 나를 생각해 주오

관련 단어
#넥타가이드
#꽃뿔
#폐화수정
#삭과
#엘라이오솜

서울제비꽃은 수정이 이뤄진 후 넓은 타원 모양의 열매를 드러낸다. 3개의 심피가 성숙해 만들어진 삭과蒴果, capsule는 세 갈래로 천천히 갈라지며 좁쌀보다도 작은 완전히 성숙된 씨앗들이 열매 안의 압력을 통해 하나씩 2~3m 밖으로 튕겨져 나온다. 그리고 마지막 씨앗 한 알까지도 멀리 보내기 위해 심피를 서서히 조이고 씨앗을 밖으로 튕겨 내보낸다. 임무를 마친 심피들은 마치 자식들을 다 분가시키고 어버이로서 본인의 역할을 다 마쳐 홀가분한 것처럼 한껏 조이던 심피들을 활짝 펼쳐내며 씨앗이 없는 상태를 드러낸다.

제비꽃이 씨앗을 힘껏 튕겨 내도 나아가는 거리에는 한계가 있다 보니 자신의 씨앗을 적극적으로 멀리 운반해줄 운반원들을 고용하게 되는데, 바로 개미군단이다. 제비꽃이 집단으로 무성하게 자란 곳에는 꼭 개미집이 있다. 제비꽃 씨앗을 자세히 들여다보면 얼레지꽃과 마찬가지로 개미들이 필요로 하는 엘라이오솜이 붙어 있다. 제비꽃에게 고용된 개미들은 열심히 제비꽃 씨앗을 들고 개미집으로 이동하여 영양분을 쏙 빼먹고 씨앗을 어김없이 개미집 쓰레기장에 버린다. 이러한 까닭에 개미집 부근에는 제비꽃들이 무성하다는 이야기가 나온 것이다. 발이 달리지 않은 씨앗을 멀리 퍼트리기 위해 파열하는 씨 꼬투리를 만들어내고, 더욱 더 멀리 씨앗을 이동시키기 위해 미끼를 달아 개미를 이용하는 적극적인 제비꽃의 생존 전략은 첩보 영화를 방불케 한다.

서울제비꽃이 피는 계절이 되면 그 옛날 오랑캐 머리를 닮았다는 꿀주머니도 찾아보고, 씨 꼬투리가 부풀어 터지는 날에는 제비꽃이 발사하는 씨앗도 구경해보자. 돋보기를 들고 나가 제비꽃의 작은 씨앗에 붙어 있는 엘라이

오솜도 한 번쯤 눈여겨보자. 다 커도 키가 10cm가 안 되는 작은 체구의 전략가인 제비꽃의 위상을 되새겨 볼 만하다. 작지만 자신의 물리적 한계를 벗어나 멀리 뻗어 나아가는 작은 거인 서울제비꽃. 오늘도 그 멋진 생존 전략을 곁에서 지켜보며 환호하는 관람객이 되어본다.

21

밤의 여왕
월하미인

식물에게서 '우아함'을 느끼는 건 처음이었다. 고상하고 기품이 있는 월하미인月下美人꽃과의 강렬하지만 매우 짧은 만남이 아쉬워서 판화 작업으로 남겼다. 월하미인은 메조틴트mezzotint라는 판화 작업으로 완성했는데, 메조틴트는 17세기 독일에서 만들어진 판화 기법이다. 먼저 로커를 이용해 동판에 오랜 시간을 들여 여러 방향으로 매를 떠서 무수히 많은 작은 구멍을 만든다. 그 위에 스크레이퍼와 버니셔를 이용해 원하는 형태를 만드는 것이다. 흑백 사진과도 같은 몽환적인 느낌의 메조틴트와 절묘하게 어우러져 밤에 피어나는 월하미인의 느낌을 고스란히 표현할 수 있었다.

월하미인은 최대 6m까지 자라는 선인장으로 다른 선인장들과는 다르게 열대의 습한 숲속에서 자란다. 열대 숲에 있는 키 큰 나무의 가지들 사이사이에 약간의 부엽토가 쌓인 환경이면 월하미인은 착생식물로 살아갈 준비를

월하미인Queen of the night

Epiphyllum oxypetalum

메조틴트, 12×14.8cm

기본 정보

학명

Epiphyllum oxypetalum

영명

Queen of the night, Princess of the night, Dutchman's Pipe Cactus, Jungle Cactus

분포 지역

남부 멕시코, 과테말라

서식지

열대의 습한 숲속

개화 시기

6~9월

꽃말

밤의 고독, 서로만을 바라보는 사랑, 단지 한번이라도

관련 단어

#정글선인장 #밤에피는선인장꽃 #수분증후군 #깔때기모양 #반향

마친다. 삐죽하게 뻗은 긴 잎처럼 보이는 것은 월하미인의 중심 줄기다. 나무에 매달려 살아가야 하기 때문에 줄기가 납작하고 뿌리는 나무에서 떨어지지 않도록 몸을 고정한다. 월하미인은 가시가 없는 선인장인데 그 이유를 몇 가지로 추측해 볼 수 있다. 일단 다른 선인장들과는 다르게 높은 나무 위에서 착생해 생활하므로 초식 동물에게 먹힐 위험이 없기 때문에 자신을 보호할 가시가 필요 없었을 것이다. 대부분 사막에서 자라는 선인장들은 뜨거운 햇살 아래에서 생활하기 때문에 넓적한 잎을 가질 경우 물이 쉽게 증발해 잎의 형태를 가는 가시로 만든다. 또한 촘촘한 가시들이 표면적을 덮어 햇빛이 표면적에 닿는 면적을 줄이는 역할도 한다. 그러나 수시로 비가 내리는 습한 열대 숲속에서 자라는 월하미인은 수분 부족의 염려가 없으니, 가시가 없는 넓고 납작한 잎사귀 모양을 한 것이리라 추측된다.

월하미인의 학명 *Epiphyllum oxypetalum* 중 속명 *Epiphyllum*은 그리스어로 'upon the leaf', 즉 '이파리 위에'라는 뜻을 지니고 있다. 종명인 *oxypetalum*은 '날카로운 꽃잎을 가진'이라는 뜻을 지닌다. 학명대로 잎처럼 생긴 줄기의 가장자리에서 꽃눈이 생겨난다. 잎에서 길게 뻗어 나온 꽃눈은 한 달 정도의 성장 기간을 거친다. 이때 다 큰 꽃눈의 모양은 마치 서양 담뱃대인 파이프를 닮아 네덜란드인의 파이프 선인장Dutchman's Pipe Cactus이라는 이름도 가지고 있다.

월하미인은 또다른 영명으로 밤의 여왕Queen of the night, 밤의 공주Princess of the night라고 불린다. 이름 그대로 달빛 아래 피는 아름다운 꽃을 지녔기 때문이다. 다 큰 꽃눈에서는 길이 30cm, 꽃 지름 17cm 이르는 눈부시게 새하얀 꽃이 피어난다. 월하미인꽃은 기온이 떨어지는 밤 10시와 자정 사이에 피기 시작해 아침 해가 떠오르면 금세 시들어버린다. 깔때기 모양의 월하미인꽃 중심부에는 해파리 촉수처럼 여러 갈래로 갈려져 앞으로 쭉 뻗어 나온 암술머리와 무수히 많은 꽃가루를 지닌 수술이 있다. 그리고 개화와 동시에 향기를 내뿜는다. 이 향기의 정체는 벤질 살리실레이트Benzyl Salicylate로 은은하고 달콤한 꽃향기를 풍기며 향수를 만들 때 첨가제로 사용되기도 한다.

어째서 이렇게 아름답고 향기로운 식물이 한밤중에 피어나는 것일까? 그 해답은 월하미인의 꽃가루 매개자가 누구인지 보면 알 수 있다. 열대 숲속에 사는 월하미인의 주된 꽃가루 매개자는 박쥐와 박각시나방이다. 박쥐와 박각시나방은 밤에 왕성하게 활동하므로 월하미인은 개화 시간을 야밤으로 택해 진화한 것이다. 이처럼 꽃가루 매개자의 선호에 따라 완벽히 적응하여 진화한 것을 수분증후군受粉症候群, pollination syndrome이라고 부른다. 꿀을 먹는 대부분의 박쥐는 향기와 시력으로 꽃을 찾기도 하지만 일부 박쥐는 꽃을 식별하는 초음파를 내보내 확인하기도 한다. 박쥐는 후두를 이용해 인간이 들을 수 있는 가청 범위를 넘어선 주파수의 초음파를 만들어낸다. 그리고 다른 물체에 닿아 반사된 초음파를 귀로 듣고 물체와 떨어진 거리, 크기, 모양, 움직이는 방향까지 알아낸다. 월하미인꽃은 위성 안테나를 닮은 돌출된 깔때기 모양으로 주된 꽃가루 매개자인 박쥐들이 반향反響, echo 위치를 파악하기 쉽도록 가청도를 높인다.

월하미인꽃이 밤에 새하얗게 피어나는 이유도 야행성 나방이 시각적으로 흰색을 선호하기 때문이다. 월하미인이 매해 동시다발적으로 꽃을 한꺼번에 피우는 이유는 매우 짧은 개화 시간 동안 꽃가루 매개자들을 최대한 불러모아 더 많은 꽃의 수분하기 위해서다. 월하미인의 이러한 독특한 면모들은 우연이 아니라 진화를 통해 더욱 더 적극적으로 번식을 하기 위한 선택이었던 것이다.

월하미인은 꽃가루 매개자들과의 거래로 자신의 자손을 널리 번창시키기 위해 밤의 세계를 통치하는 듯하다. 밤의 여왕이라는 이름에 걸맞은 면모 때문에 꽃을 처음 봤을 때 우아함이 느껴진 것은 아닌지 모르겠다. 고상하고 기품이 있는 세월을 살아온 모습이 얼굴에 고스란히 드러나는 사람처럼 말이다.

22

무지개 여신
독일붓꽃

보라색 독일붓꽃들이 가득한 그림 〈독일붓꽃이 있는 풍경〉은 2017년 영국 런던에 있는 감리교 센트럴 홀Central Hall Westminster과 2018년 독일 프랑크푸르트 식물원 팔멘 가르텐Palmengarten에서 전시했던 작품이다. 식물세밀화를 그리는 동안 독일붓꽃은 다양한 색상으로 가장 여러 번 그렸던 뮤즈다. 10년 넘게 식물세밀화를 그렸지만 여전히 독일붓꽃은 그리고 싶은 식물 1순위다. 그 이유를 곰곰이 생각해보니 어느 꽃보다도 다양한 색감과 춤추는 듯한 그 형태가 큰 영감을 주기 때문이다. 독일붓꽃은 유럽의 서로 다른 종들의 교잡交雜, cross으로 현재까지 300여개의 품종이 만들어졌으며, 지속적인 인공교배로 변이가 심한 다양한 품종이 개발되고 있다. 이름 때문에 독일이 원산지라고 오해하기 쉽지만 독일붓꽃은 원산지가 딱히 밝혀지지 않았으며 유럽일 것이라고 추정된다.

독일붓꽃이 있는 풍경

The field of german irises

종이에 색연필, 74.8×54.8cm

기본 정보

학명
Iris germanica L.

영명
German Iris, Bearded Iris,
Common Flag, Rhizomatous Iris

분포 지역
유럽, 아메리카

서식지
초원, 숲, 습지 등

개화 시기
4~5월

꽃말
기쁜 소식, 선물

관련 단어
#수염
#무지개여신
#무지개꽃

독일붓꽃은 4~5월에 키가 60~120cm까지 자라는 여러해살이풀이다. 길쭉한 칼 모양의 회녹색 잎은 50~80cm까지 서서 자란다. 식물의 잎은 보통 햇빛을 보지 않는 잎의 뒷면에 기공이 존재하는데, 서서 자라는 독일붓꽃의 잎은 잎의 양면에 기공이 있어 해의 위치와 상관없이 숨 쉬기와 증산 작용을 할 수 있다는 장점을 지니고 있다.

식물세밀화 속 독일붓꽃들의 꽃봉오리를 보면 무엇이 떠오르는가? 독일붓꽃은 꽃봉오리가 먹물을 가득 머금은 붓을 닮았다고 해서 붓꽃이라 불리게 되었다. 활짝 만개한 독일붓꽃은 꽃의 지름이 6~8cm에 이르며 하나의 줄기에서 4~5개의 꽃이 핀다.

레이스 모양의 가장자리를 지닌 6장의 꽃잎은 마치 화려한 드레스의 끝자락을 보는 것 같다. 그중 아래로 구부러진 바깥쪽 꽃잎 3장에는 수염이 달려 있는데 안쪽은 노랗고 꽃잎 밖으로 나올수록 하얗다. 이 수염 모양 때문에 영명으로 수염 난 아이리스Bearded Iris라고 부르기도 한다. 나머지 안쪽 꽃잎 3장은 달걀을 거꾸로 세워놓은 듯이 돔 모양을 이루며 서 있다. 꽃 가운데에는 꽃잎의 작은 조각처럼 생긴 3개의 얇은 암술대가 있는데 끝이 둘로 갈라져 있는 부분이 암술이다. 그 암술대 밑을 들여다보면 수술들이 하나씩 숨겨져 있다.

독일붓꽃의 영명은 German Iris다. Iris는 그리스어로 무지개를 의미하며 그리스 신화 속 무지개 여신의 이름 Iris에서 유래되었다. 저먼 아이리스는 색상이 다양하고 수많은 품종이 존재해 무지개처럼 다양한 색감을 자랑한다고 하여 유럽과 아메리카 등지에서는 무지개꽃이라고도 불린다.

고대 그리스인들은 무지개 여신인 이리스Iris가 신들과 인간을 이어주는 존재라고 생각했다. 이리스가 무지개를 타고 땅에 내려와 신의 메시지를 인간들에게 전해주고, 또 인간들의 간절한 소원을 신에게 전달해 인간의 기도가 이뤄지도록 도움을 줬다고 한다. 이러한 그리스 신화 속 이리스가 신들의 전령으로 등장해 인간과 신의 가교 역할을 한 덕분에 독일붓꽃의 꽃말은 기쁜 소식, 선물 등 기분 좋은 단어들이 대부분이다.

그림을 자세히 들여다보면 독일붓꽃의 다양한 모습을 찾아볼 수 있다. 이제 막 피어날 준비를 마친 꽃봉오리, 점차 커지면서 이제 막 꽃봉오리를 터트린 꽃, 완전히 만개해 가장 화려한 모습을 보여주는 꽃, 조금씩 꽃잎이 시들어가는 꽃, 마지막으로 꽃이 완전히 진 모습까지 한 그림 안에 있다. 물론 실제로는 이런 다양한 모습을 한번에 볼 수는 없다. 각각의 개체를 관찰하고 사진을 찍은 후 식물에서 받은 영감을 바탕으로 해 자유롭게 구성한 것이다. 이 점이 바로 식물세밀화가 사진과 다른 점이다. 사진은 있는 모습 그대로를 찍어내지만 식물세밀화는 식물의 특성을 이해하고 구성을 통해 식물의 생애나 특징을 하나의 그림으로 보여줄 수 있다.

내 그림의 테마는 늘 생애生涯다. 식물의 생애를 관찰하다 보면 미리 인간의 생애를 겪는 듯하다. 태동을 느끼며 신기했던 뱃속 아이가 태어나고, 그 아이가 기고, 걷고, 뛰다가 청소년기를 거쳐 어른이 된다. 그렇게 시간이 흘러 머리칼은 잿빛으로 변하고 걸음이 느려지다 지팡이에 의존해 겨우겨우 한 발을 내딛는 말년이 온다. 그 후 다시 흙으로 돌아가는 인간의 삶은 그림 속 독일붓꽃과 매우 닮아 있다. 저 그림을 볼 때마다 긴 시간을 거치는 인간의 생애를 매우 짧은 시간 동안 압축해 보는 듯하다.

매번 식물을 관찰하며 생각한다. 흙으로 돌아가는 인간의 삶 속에서 나는 무엇을 배우고 무엇을 겪을 것인가? 그를 통해 나는 어떤 인간으로 기록될 수 있을지. 그러나 그런 생각도 잠시, 그저 존재한다는 자체로 얼마나 아름다운 것이 삶인지, 어떠한 모습이든 삶의 매순간은 모두 아름다움 그 자체라는 것을 깨닫게 된다. 젊다고 아름다운 것도 아니고, 늙었다고 밉고 흉한 것도 아니다. 식물이 내게 가르쳐준 가르침은 모든 존재 자체가 아름답다는 것이다.

23

숫자 세는 사냥꾼
파리지옥

사람은 음식만으로 섭취가 부족한 필수 영양소를 약이나 영양제로 채우기도 한다. 그런데 인간과 달리 척박한 환경에서 태어나 흙에 뿌리를 고정하고 살아가는 식물들은 어떤 방법을 사용할까? 대부분의 식물은 흙 속에서 뿌리를 넓게 뻗어 자신에게 필요한 물과 필수 미네랄을 흡수한다. 그러나 파리지옥이 주로 자생하는 습지는 항상 물이 많아 비옥한 흙을 기대하기 어렵다. 질소와 인을 포함한 무기질이 매우 부족한 환경에 처한 파리지옥은 다른 식물들과 마찬가지로 광합성을 통해 영양분을 만든다. 하지만 광합성으로 얻은 영양분만으로는 부족하기에 적극적으로 먹이 사냥에 나선다. 이처럼 곤충을 포함한 작은 동물을 잡아먹고 필요한 양분을 얻는 식물을 식충식물食蟲植物, Insectivorous plant이라고 부른다.

파리지옥은 높이 5~20cm 정도로 자란다. 4~8개의 잎은 뿌리에서 돋아나는데, 길이가 3~12cm 정도로 잎자루에 넓은 날개가 있다. 잎끝에는 곤충을 포획할 목적으로 잎의 일부가 변형된 포충엽捕蟲葉이 달려 있다. 2장이 한 쌍인 포충엽은 조개처럼 입을 여닫을 수 있으며 모양이 둥글고 가장자리에 가시 같은 긴 털이 있다. 파리지옥의 특이한 포충엽은 토양에서 결핍된 영양소를 흡수하기 위해 먹이를 포획하는 기능을 가지고 있다.

파리지옥은 5~6월에 지름 2cm 정도의 흰 꽃을 피운다. 땅바닥에 낮게 자리한 포충엽과는 달리 15~35cm 정도 더 높이 위로 솟아난 긴 줄기 끝에 자리 잡은 꽃은, 날아다니는 꽃가루 매개자들을 통해 수정을 이루고 열매를 맺는다. 날아다니는 꽃가루 매개자가 포충엽에 닿으면 먹잇감이 되어 종족 번식을 못하게 되니 포충엽과 꽃은 서로 다른 높이를 선택해 조화롭게 살아간다.

파리지옥의 영명을 살펴보면 Venus flytrap으로 비너스의 파리잡이 풀 정도로 해석할 수 있다. 이는 파리지옥의 학명과도 관련이 많다. 파리지옥의 학명 *Dionaea muscipula* J.Ellis에서 속명인 *Dionaea*는 Dione의 딸이라는 뜻으로 Venus를 말한다. 종명인 *muscipula*는 라틴어로 쥐를 뜻하는 'mus'와 덫을 뜻하는 'decipula'의 합성어로 쥐덫을 가리키기 때문에 파리지옥의 학명은 '비너스의 쥐덫'이라는 뜻을 지니고 있다.

파리지옥의 포충엽을 가만히 들여다보니 이탈리아 르네상스 시대의 화가 보티첼리의 그림 〈비너스의 탄생〉이 생각난다. 아름다운 비너스의 탄생 순간을 그린 이 작품 속 비너스의 발밑에는 새하얀 조가비가 있다. 어찌 보면 파리지옥에 달려 있는 포충엽의 조개처럼 생긴 모습이 그림 속 비너스의 탄생한 장면을 연상케 해서 지어진 것은 아닌지 재미난 상상을 해본다. 1968년 살

파리지옥 Venus flytrap

Dionaea muscipula J.Ellis

수제종이에 펜과 잉크, 10×15cm

기본 정보

학명

Dionaea muscipula J.Ellis

영명

Venus flytrap

분포 지역

북아메리카

서식지

이끼 낀 습지

개화 시기

5~6월

꽃말

유혹

관련 단어

#식충식물

#포충엽

#감각모

아 있는 파리지옥이 런던에서 처음 공개되었고, 보티첼리의 그림은 1486년 경에 그려졌으니 말이다.

파리지옥의 포충엽은 겉면이 연둣빛이지만 안쪽은 안토시아닌 색소로 인해 곤충들이 좋아하는 붉은색을 띤다. 그 붉은 표면을 자세히 들여다보면 양쪽에 각각 3개, 총 6개의 아주 예민한 감각모感覺毛, Sensory hair, trigger hair가 있다. 외부의 자극을 수용하는 일종의 털로, 유인한 곤충이 이 감각모를 건드리면 포충엽을 닫아버린다.

예민한 사냥꾼인 파리지옥은 먹잇감이 총 6개의 감각모 중 1개만 건드려도 신호를 감지한다. 파리지옥은 신호 감지 0.1초 만에 포충엽을 반절쯤 닫아 덫을 봉인할 준비에 들어간다. 이는 포충엽이 살아 있는 먹잇감을 구분 짓는 방법이다. 빗방울이나 나뭇잎 등을 먹잇감으로 오인해 포충엽을 닫으며 쏟는 에너지 낭비를 막기 위한 비책이기도 하다. 이후 30초 이내에 먹잇감이 또 다시 감각모를 건드려 두 번째 신호를 감지하면, 파리지옥은 덫을 닫기 시작한다. 파리지옥의 이러한 행동은 파리나 거미처럼 이동이 빠르고 활동이 많은 영양가 있는 존재들을 잡기에 적합한 프로그램이다. 이때 포충엽에 있는 가장자리 털들이 완벽하게 닫히지 않아 크기가 작은 곤충들은 빠져나가기도 한다. 파리지옥 입장에서는 한 번의 사냥을 통해 충분한 영양분을 얻어야 하기 때문에 나름의 먹잇감 선별을 거친다고도 볼 수 있다. 이후 먹잇감이 발버둥을 치면 세 번째 신호로 받아들이고 포충엽의 가장자리 가시털들이 완전히 맞물리고 끝이 구부러지며 먹잇감이 봉인되기 시작한다. 먹잇감의 계속되는 발버둥을 네 번째 신호로 인지한 파리지옥은 포충엽 속 분비샘을 자극해 자스몬산jasmonic acid이라는 일종의 행동 개시 물질을 내보낸다. 마지막 다섯 번째 신호에 따라 포충엽 안에 존재하는 수많은 분비샘에서 소화 효소들이 분출되고 늪을 만들어 덫에 걸린 먹잇감이 허우적거리게 된다. 몇 시간이 흐른 뒤 포충엽은 소화된 먹이에서 나온 영양분을 흡수한다.

식물계의 사냥꾼인 파리지옥의 사냥 단계를 보면 재미난 점을 찾아볼 수 있다. 정확히 다섯 번의 신호를 헤아린다는 점이다. 파리지옥에 관한 최근 연구 결과에 따르면 먹잇감이 매우 느린 속도로 감각모를 한 번만 건드려도 두 번의 전기 신호가 흐르며 포충엽을 닫았다는 점이다. 짐작건대 그 이유는 파리지옥의 형태와 관련이 있을 것이다. 파리지옥은 짧은 줄기에 다수의 잎이 밀집해 땅 위에 바로 붙어 자라나는 로제트Rosette 형태다. 지면과 가까이 자라는 파리지옥의 단골 먹이는 날아다니는 곤충 이외에도 땅을 기어다니는 걸음이 느린 달팽이나 애벌레도 있다. 파리지옥은 느릿느릿한 먹잇감들도 인식하기 위해 별도의 사냥감 인식 방식을 가지고 있는 것이다.

식물을 알면 알수록 이 땅 위에 존재하는 모든 것들이 다 귀하게 느껴진다. 멀리서 보면 그저 식물일 뿐이지만 가까이 들여다보면 저마다의 엄청난 세계를 가지고 있는 존재들이다. 녹색 동물이라고 불러도 전혀 이상할 바가 없는 파리지옥. 찰스 다윈이 왜 식충식물을 '세상에서 가장 놀라운 식물'이라 극찬했는지 그 이유를 알 만하다.

24

천년을 사는 명의
주목

인류는 많은 사건과 사고를 겪으며 지금에 이르렀다. 갈수록 흉악해지는 사건들, 이해할 수 없는 사고들, 흉흉한 소식들이 넘쳐날 때마다 생각한다. 그래도 세상이 지금까지 유지된 건 뉴스에 나오지 않는 주변의 선한 사람들이 각자의 자리에서 최선을 다해 살고 있기 때문이라고 말이다. 세상이 내일이면 곧 멈출 기계처럼 위태위태할 때마다 일상을 지켜내는 사람들의 힘은 이곳저곳에서 윤활유처럼 조용히 흘러나와 다시 고요한 일상을 맞이하게 한다. 그런 순간을 느낄 때마다 주목을 떠올린다. 주변에 흔하기 때문에 눈에는 잘 띄지 않지만, 항상 주위에 있고 늘 푸르른 그 나무를 말이다.

공원수, 정원수로 쓰이는 도심 속 주목은 사계절 잎이 지지 않는 늘 푸른 나무로 인기가 많다. 도심에 식재된 개체들은 주로 꺾꽂이로 키워지고 계속 다듬기 때문에 아담한 크기지만, 사실 주목은 해발 1000m가 넘는 높은 산에서 키 18m, 지름 1m까지 자란다. 충청북도 단양군 가곡면의 4만 5000헥타르에 이르는 소백산 주목 군락은 수령이 200~500년 정도로 추정되며 천연기념물 제244호로 지정되어 있다. 강원도 정선 두위봉에는 천연기념물 제433호로 지정된 무려 1400년을 살아온 우리나라 최고령 주목이 있다. 100년이 지나도 키가 10m를 넘기기 힘든 주목이 모진 풍파에도 멋지게 자란 것을 보면 마음이 다 뭉클해진다.

주목은 붉은빛을 띠는 적갈색 나무껍질이 세로로 얇게 갈라져 벗겨지는 특징이 있다. 나무를 가로로 잘랐을 때 중심의 색이 짙은 부분, 즉 심재heart wood가 유난히 붉은빛을 띠어 붉을 주朱를 사용해 주목朱木이라고 불린다. 주목은 흔히 '살아서 천 년, 죽어서 천 년 간다'라는 수식어가 붙는다. 그 이유는 주목의 수명이 유난히 길고, 죽은 후 사용되는 나무 재질이 좋으며, 색상이 멋지고, 습기에 강해 잘 썩지 않아 고급 가구나 조각품 등에 많이 사용되기 때문이다. 유럽에서는 옛날에 유럽 주목으로 활을 만들어 사용했다고 한다.

주목의 잎사귀는 길이 1.5~2cm, 폭 3mm의 짧은 바늘잎 모양이고 앞면은 진녹색, 뒷면은 연녹색을 띤다. 잎은 가지를 중심으로 돌아가며 나선 모양으로 달린다. 옆으로 뻗은 곁가지에서는 잎이 좌우로 나란히 두 줄로 달린다. 주목은 암수딴그루이며 4월이 되면 수그루에서 4mm 크기로 구형의 수꽃이 핀다. 수꽃은 6개의 비늘 조각으로 싸여 있으며 8~10개의 수술이 있다. 꽃밥은 부풀어 올라 연한 황갈색으로 변하고 연노란색 꽃가루를 날린다. 암그루에 있는 달걀 모양의 암꽃은 10개의 비늘 조각으로 싸여 잎겨드랑이에 하나씩 달린다.

주목 Spreading yew

Taxus cuspidata Siebold & Zucc.

에칭, 10×15cm

기본 정보

학명

Taxus cuspidata Siebold & Zucc.

영명

Spreading yew

분포 지역

한국, 일본, 중국 동북부, 시베리아

서식지

고산지대, 적당한 습도를 유지하고 땅이 걸고 기름진 반음지

개화 시기

4월

꽃말

고상함

관련 단어

#살아서천년죽어서천년 #항암제 #가종피

팔각 The fruit of Chinese Star Anise

Illicium verum Hook. f.

종이에 연필, 17.7×17.7cm

기본 정보

학명
Illicium verum Hook. f.

영명
Chinese Star Anise

분포 지역
아시아의 동부 및 남동부

서식지
산기슭의 덤불과 숲

개화 시기
4월

꽃말
일편단심

관련 단어
#팔각
#타미플루
#뱅쇼
#마라탕

수정이 이루어지면 암그루에서 타원형의 초록 열매가 맺히는데 자세히 들여다보면 씨앗의 아랫부분을 둘러싸고 있는 껍질이 보인다. 이 껍질은 차츰 자라나며 씨앗을 감싸기 시작하고 이것이 훗날 붉은색으로 물들어 간다.

10월이 되면 크리스마스 트리에 달린 붉은색 오너먼트처럼 주목 암그루에도 붉은 오너먼트들이 달린다. 붉게 보이는 것은 씨앗을 둘러싸고 있는 가종피假種皮, aril다. 주목은 침엽수이지만 가종피라고 불리는 다육질 외피 주머니 안에서 씨앗이 성숙한다. 우리가 흔하게 먹는 석류 알갱이를 보면 씨를 둘러싼 붉은빛의 가종피를 쉽게 볼 수 있다. 일반적인 겉씨식물은 구과처럼 생긴 씨앗 구조를 가진 반면, 주목은 가종피 안에서 한쪽이 개방된 상태로 씨앗이 살짝 보일 정도로 자란다. 붉은 가종피는 새들의 눈에 쉽게 띄고 맛도 좋아 새들의 좋은 먹잇감이 되며 그 안에 있는 5mm 정도 크기의 작은 밤톨 같은 씨앗은 독성이 있어 새가 소화하지 못하기 때문에 새의 배설물에 섞여 나와 주목의 번식을 돕는다.

주목은 새들의 배고픔을 해결해주고, 인간에게는 좋은 목재를 제공한다. 이에 그치지 않고 1960년대 미국 국립암연구소의 항암물질 연구결과 수령이 100년 정도 된 주목의 잎과 나무껍질에 암환자들에게 효험이 있는 택솔Taxol이 발견되었고, 1993년 미국식품의약국FDA 승인을 받아 항암제로 사용되고 있다. 우리가 흔하게 먹는 진통제인 아스피린은 버드나무의 줄기껍질에서, 독감치료제 타미플루는 뱅쇼나 마라탕을 만들 때 사용하는 팔각에서, 소염제 스테로이드는 마, 카라발콩에서 분리된 것이다. 이처럼 우리 주변에서 흔하게 볼 수 있는 식물들은 인류의 질병을 치료하는 다양한 약물로 사용되고 있다.

식물은 열매로 인간의 배고픔을 해결해주고, 더울 때는 그늘을 제공하며, 아플 때는 명의처럼 병을 낫게도 해주는, 그야말로 아낌없이 주는 나무와 같다. 그동안 마구 베어져 이제는 얼마 남지 않은 오래된 주목들이 보호수로 지정되어 관리 받고 있다. 앞으로의 1000년을 내다보고 주목을 잘 지켜내 후대에도 1000년을 사는 명의를 만나게 해주고 싶다.

25

더부살이

야고, 새삼, 겨우살이

식물세밀화 수업을 듣는 학생들과는 매년 봄과 가을에 야외 수업을 나간다. 야고를 처음 만난 건 마곡에 있는 서울식물원으로 야외 수업을 나간 가을이었다. 야외 주제정원에서 억새에 관해 설명을 하던 중 억새 밑동에 숨어 있는 조그마한 야고들을 발견했다. 갑작스러운 즐거운 만남에 다 같이 신이 나서 시간 가는 줄도 모르고 연신 사진을 찍었다. 두 번째 만남은 가을에 방문한 천리포수목원에서 이뤄졌다. 햇살 정원에서 좋아하는 팜파스와 억새들을 관찰하고 있는데 억새의 밑동을 유심히 살펴봤더니 기다렸다는 듯이 야무지게 생긴 야고들이 나타났다. 나도 모르게 땅바닥에 무릎을 꿇고 허리를 한껏 구부려 야고를 관찰했던 그날이 아직도 생각난다.

어떻게 햇빛도 잘 들지 않는 억새의 밑동 근처에서 야고들이 발견되는 것일까? 야고는 보통 억새 뿌리에 기생하기 때문에 억새들이 있는 곳에서 주

야고 Forest ghost flower

Aeginetia indica L.

수제종이에 펜과 잉크, 10×15cm

기본 정보

학명

Aeginetia indica L.

영명

Forest ghost flower, Indian broomrape

분포 지역

한국(제주, 여수), 일본, 중국, 미얀마, 필리핀, 인도

서식지

억새류를 포함한 벼과식물의 뿌리에서 기생

개화 시기

8~9월

꽃말

더부살이

관련 단어

#완전기생식물 #숙주특이성

로 발견된다. 특정 식물을 대상으로 기생하려는 숙주특이성宿主特異性, host specificity을 가지고 있어서 억새나 볏과식물에만 기생한다고 알려져 있다. 또한 다른 식물들과 달리 전체적으로 초록빛을 하나도 찾아 볼 수 없는 갈색의 야고는 엽록소가 없어 광합성을 통해 스스로 양분을 전혀 만들 수 없다. 대신 뿌리의 변형된 형태인 흡기吸器, haustorium를 통해 숙주 식물인 억새의 뿌리 조직을 뚫고 들어가 물과 영양분을 흡수하며 기생 생활을 한다. 이러한 까닭에 키 큰 억새들 밑동에서도 빛 한 줌 들지 않는 그늘에서도 야고는 꿋꿋이 살아갈 수 있는 것이다. 이렇듯 숲속의 으스스한 어둠 속에서 자라난다고 해서 야고의 영명이 '숲의 유령 꽃'이라는 뜻의 Forest ghost flower인지도 모르겠다.

우리나라에서는 제주 한라산 억새밭에서 야고가 처음 발견되었으며, 전라남도 여수에서도 야고가 발견되어 따뜻한 남쪽 지역에서 자생하는 것으로 알려졌다. 그러다 서울 상암에 있는 하늘공원의 억새밭에서 야고가 발견되어 한때 논란이 되기도 했다. 밝혀진 바로는 하늘공원을 조성할 때 전국에서 억새를 가져와 심었는데 제주도 산굼부리 오름에서 가져온 억새를 따라 하늘공원에 정착한 것이라고 한다. 억새 뿌리에 기생하며 자라는 야고의 특성상 충분히 가능한 이야기다. 또한 기후변화로 중부지방의 온도가 높아진 것도 야고의 정착에 한몫했으리라 본다.

야고는 줄기가 매우 짧아 토양 위로 드러나지 않으며 10~20cm 길이의 털이 없는 긴 꽃자루가 토양을 뚫고 올라와 그 끝에 1개의 연한 자줏빛 꽃이 옆을 향해 달린다. 3cm 정도의 꽃부리에 가장자리는 5개로 얕게 갈라진다. 암술은 1개, 수술은 4개이며 수술 2개는 길게 통 모양의 화관에 붙어 있다. 야고는 길게 뻗은 꽃자루 옆으로 휘어진 통 모양의 꽃이 피는데, 그 모습이 흡사 길고 가느다란 설대를 세워놓은 담뱃대를 닮았다고 하여 '담뱃대 더부살이'라고도 불린다. 야고처럼 스스로 광합성을 전혀 하지 못하고 다른 식물에 전적으로 의존하는 식물을 완전 기생식물寄生植物, parasitic plant이라고 한다.

똑같은 완전 기생식물이지만 조금은 잔혹한 이야기의 주인공도 있다. 그 주인공은 바로 새삼이다. 천변에 산책하러 나가거나 고속도로를 달릴 때 주변 나무들 위에 뒤엉켜 있는 줄기들을 흔하게 볼 수 있다. 마치 쓰임을 다해 버려진 그물의 실가닥이 온 나무를 뒤덮은 것처럼 보이는데, 이 줄기들은 완전 기생식물인 새삼이다.

새삼은 광합성을 전혀 하지 않는 덩굴성 기생식물이다. 다른 새삼류보다 줄기가 굵고 붉은빛을 띤 갈색이 돌며 황갈색 반점이 있다. 꽃은 흰색이고 8~10월에 피어나며 포도송이처럼 모여 자란다. 작은 종 모양의 꽃은 암술 1개, 수술 5개를 지니고 있다. 가을이 되면 지름 2.5~3mm 종자가 나오는데 '토사자'라고 하여 한약재로 쓰이기도 한다. 새삼의 씨앗은 매우 단단해서 흙 속에서도 5~10년은 거뜬히 버틴다고 한다.

새삼의 씨앗이 땅속에서 발아되면 처음에는 줄기 뿌리가 생긴다. 이때부터 새삼의 일과는 매우 바빠진다. 5~10일 안에 더부살이할 기주식물寄主植物, host plant을 찾지 못하면 바로 죽기 때문이다. 새삼의 씨앗에서 나온 가느다란 줄기는 연신 기주식물을 찾기 위해 뱅뱅 돌며 줄기를 뻗어낸다. 기어코 기주식물을 찾아낸 새삼은 줄기를 단단히 움켜잡고 뱅뱅 감아올려 간다. 이때 새삼은 변형된 뿌리인 흡기를 이용해 기주식물의 줄기를 뚫는다. 그러고는 며칠간 기주식물을 찾기 위해서 가지고 있던 땅속의 가짜 뿌리를 가차 없이 잘

새삼 Japanese dodder

Cuscuta japonica Choisy

종이에 색연필, 21×29.7cm

기본 정보

학명

Cuscuta japonica Choisy

영명

Japanese dodder

분포 지역

한국, 일본, 중국, 러시아

서식지

산, 들의 볕이 잘 드는 풀밭

개화 시기

8~10월

꽃말

닿지 마세요

관련 단어

#완전기생식물

#덩굴성기생식물

겨우살이 Korean mistletoe

Viscum album var. *coloratum* (Kom.) Ohwi

수제 종이에 펜과 잉크, 20×20cm

기본 정보

학명

Viscum album var. *coloratum* (Kom.) Ohwi

영명

Korean mistletoe

분포 지역

한국, 일본, 대만, 중국, 러시아, 유럽, 아프리카

서식지

참나무, 팽나무, 물오리나무, 밤나무, 자작나무 등에 기생, 여름에는 반그늘에서 자라고, 겨울에는 햇빛을 많이 받을 수 있는 곳

개화 시기

4월

꽃말

강한 인내심

관련 단어

#반기생식물
#일부기생식물

라버린다. 온전한 기주식물을 찾아낸 새삼은 마치 오랫동안 굶주렸던 흡혈귀처럼 흡기를 통해 필요한 모든 에너지를 기주식물로부터 빼앗아 완벽히 기생하기 시작한다.

눈도 없는 새삼은 어떻게 자신의 삶을 온전히 기댈 기주식물을 기가 막히게 잘 찾아내는 것일까? 다양한 실험을 통해 밝혀진 바로는 냄새로 기주식물을 찾아낸다고 한다. 식물들은 휘발성 화학물질을 분비하기 때문에 각자 고유한 향을 지니고 있다. 우리가 흔히 맡는 허브향도 식물의 휘발성 유기화합물로 인한 것이다. 새삼은 특히 콩과 식물이나 토마토를 좋아하는데 자신의 기주식물로 적합한 대상의 냄새를 정확히 기억하고 그 냄새를 따라 줄기를 뻗는 것이다. 이런 이유로 중국에서는 콩 농사에 새삼이 주는 피해가 커 새삼에 관한 연구가 더 깊이 있게 진행되었다. 그 연구 결과 놀라운 사실이 또 발견된다. 새삼은 기주식물이 개화 시기에 보이는 유전자 변화를 읽어내고 자신도 그때 맞춰 꽃을 피운다는 것이다. 이유인즉슨 기주식물이 꽃을 피울 때 더 많은 영양분을 생식 조직에 끌어올리기 때문이다. 이때 새삼 또한 자신의 꽃을 피우기 위한 충분한 영양분을 훔칠 수 있다. 또한 새삼은 박테리아들처럼 유전자를 받아들이는 수평적 유전자 이동Horizontal gene transfer을 한다. 이를 통해 새삼은 기주식물의 방어를 무력화하는 방법들을 계속 만들어내며 진화한 것이다.

그에 반해 스스로 광합성을 하며 기생을 하는 일부 기생식물寄生植物, parasitic plant도 있다. 겨우살이는 사계절 내내 엽록소를 가지고 있어 스스로 광합성을 통해 영양분을 얻지만, 그 양이 부족해서 숙주식물에 기생하며 관다발 조직을 뚫고 들어가는 흡기를 통해 양분과 수분을 흡수하는 일부 기생식물이다. 다른 식물의 도움을 받아 겨우 살아간다는 의미로 겨우살이라는 이름을 갖게 되었다는 이야기도 있고, 혹자는 겨울에 열매를 맺기 때문에 겨우살이라는 이름이 붙여졌다고도 한다.

한겨울 나뭇잎이 다 떨어져 나간 키 큰 나무를 고개 들어 살펴보면 간혹 새 둥지를 발견하게 된다. 그러나 모두가 다 새 둥지는 아니다. 지름이 1m에 달하는 거대한 새 둥지를 닮은 둥그스름한 겨우살이일 확률도 있다. 겨우살이와의 첫 만남은 늦가을 국립수목원에 갔을 때다. 벤치에 앉아 잠깐 쉬고 있었는데 맞은편 키 큰 나무에서 새 둥지라고 하기에는 크고 둥그스름한 것을 발견했다. 카메라로 확대해서 보니 겨우살이가 확실했다.

겨우살이는 나무줄기에 기생하며 전 세계적으로 1500여 종이 있다. 우리나라에는 겨우살이, 동백나무겨우살이, 참나무겨우살이, 꼬리겨우살이, 붉은겨우살이 총 5가지 종류가 살고 있다. 참나무겨우살이는 제주도 일부 지역에서만 자생한다. 꼬리겨우살이는 강원도와 소백산, 속리산, 지리산 등에서 아주 적은 개체가 살아가고 있다. 겨우살이는 참나무, 팽나무, 밤나무, 자작나무, 물오리나무 등에서 발견된다.

겨우살이는 나이테를 가지고 있으며 사시사철 푸르기 때문에 상록 기생관목으로 분류된다. 겨우살이의 잎은 두껍고 윤기가 없는 짙은 녹색으로 길이가 3~6cm, 폭 0.6~1.2cm 정도다. 잎의 끝으로 갈수록 모양이 점점 좁아져 창처럼 생겼는데, 가지 끝에서 마주나기 한다. 4월에 피는 꽃은 암수딴그루로 가지 끝에 맺히며, 노란색의 작은 술잔 모양이 네 갈래로 갈라진 꽃이다.

8~10월경에는 지름 6mm 정도의 연노랑 반투명의 액과로 구슬 모양 열

매를 맺는다. 겨우살이 열매는 겨울철 먹이를 찾기 힘든 직박구리와 같은 새들의 좋은 먹잇감이 된다. 겨우살이 열매를 먹던 새들의 부리 주변 털에 겨우살이 열매 속 작은 씨앗이 붙게 되고, 새는 이를 떼어내기 위해 나뭇가지에 머리를 비빈다. 그리고 겨우살이의 끈적거리는 씨앗은 그대로 나뭇가지에 부착되어 새로운 기생 생활을 시작한다. 열매를 먹은 어떤 새들은 다른 나뭇가지로 날아가 배설을 하게 되는데 이때 겨우살이 열매가 숨겨놓은 장치가 빛을 발한다. 겨우살이의 액과 안에는 끈적한 점액질의 길이가 1m까지 늘어나는 끈이 있어 떨어진 나뭇가지에 매달려 있다가 바람이 불 때 그 끈적함으로 나뭇가지에 부착되고 그곳에서 흡기를 내려 싹을 틔우며 기생 생활을 시작한다.

이 세상에 존재하는 모든 존재는 각자의 생존방식으로 치열하게 살아가고 있다. 마치 생존게임을 하듯 어떻게 하면 살아남을 수 있을지는 터득한 기생식물들을 보니 더부살이한다며 얕잡아 봤던 마음이 한없이 부끄러워진다.

26

다크호스

억새

백목련이 피어나는 코끝이 차가운 초봄, 벚꽃이 피어나는 부드러운 바람이 불기 시작하는 완연한 봄, 연둣빛의 잎들로 가득해지는 초여름, 짙은 녹음이 우거지기 시작하는 한여름을 지나 가을이 되면 늘 보고 싶은 풍경이 있다. 매년 봐도 또 기다려지는 은빛 물결. 여섯 살 때 이사 와 수십 년을 살고 있는 목동에는 안양천이 있다. 가을의 안양천은 갈대나 수크령과 어우러진 억새의 향연이 눈을 사로잡는다. 안양천을 오가며 본 억새는 신비로움 그 자체다. 햇빛으로 인해 반짝이는 억새가 바람에 흔들려 은빛 물결을 이루면 말없이 우두커니 서서 시간 가는 줄 모르고 지켜본다. 억새를 통해 바람이 느껴지는 순간, 그 찰나를 사랑한다. 억새 그림에는 내가 느낀 그 순간의 바람을 넣고 싶었다. 그러한 이유로 담백하게 색이 없이 명암으로만 표현하는 연필화를 선택해서 그렸다.

산과 들에서 흔히 볼 수 있는 억새는 높이가 2m까지 자란다. 억새는 짧은 땅속 줄기인 지하경地下莖, rhizome, subterranean stem이 있어 옆으로 뻗어서 모여 나는 편이다. 줄 모양의 잎은 폭이 1~2cm, 길이가 1m로 잎끝으로 갈수록 뾰족하다. 잎몸이 납작하고 표면에 털이 있으며 흰색의 주맥이 매우 뚜렷하다. 잎 가장자리에는 아주 작은 까끌까끌한 잔 톱니가 있다. 그러나 매우 딱딱하므로 손을 베이지 않게 조심해야 할 정도다.

볏과식물인 억새가 이렇게 거칠고 뻣뻣한 잎을 가진 이유는 무엇일까? 볏과식물은 다른 식물들에 비해 유독 높은 규소집적능력硅素集積能力, storage capacity of silicon (Si)을 가지고 있다. 같은 토양에서 다양한 식물을 키워도 볏과식물은 다른 식물과는 현격히 차이가 나는 다량의 규소 함유율을 자랑한다. 규소硅素, Silicon는 도자기나 유리 제작에 쓰이는 원료로 규소가 많이 든 볏과식물의 줄기와 잎은 유난히 뻣뻣하고 거칠다. 이것은 초식 동물에게 먹잇감이 되지 않고 살아남기 위한 볏과식물의 생존 전략이다. 옛사람들은 가늘고 질긴 억새 잎과 줄기로 만든 이엉을 지붕이나 담벼락에 올려 사용했다. 그 옛날부터 억새 잎은 억세기로 소문이 나 잘 꺾이지도 않고 잘못 만졌다가 몸에 상처를 내는 '억센 새풀'이라고 부르던 것이 이름의 유래라고 한다.

9월에 피는 억새꽃은 부채꼴 또는 우산대 모양으로 작은 이삭들이 촘촘히 달린다. 전체 꽃차례 길이는 1~30cm로 자세히 살펴보면 4.5~6mm의 작은 이삭들이 노란색을 띠는 작은 창처럼 생겨나 길고 짧은 것이 한 쌍으로 달린다. 끝이 두 갈래로 갈라진 조금 긴 호영에는 길이 8~15mm 정도의 까끄라기가 있는 것이 특징이다. 까끄라기는 벼나 보리 등 낟알 겉껍질에 붙어 길게 뻗어 나온 껄끄러운 수염 같은 것을 말하는데 줄여서 '까락'이라고도 부른다.

억새 Silver grass

Miscanthus sinensis var. *purpurascens* (Andersson) Rendle

종이에 연필, 36.2×51.3cm

기본 정보

학명

Miscanthus sinensis var. *purpurascens* (Andersson) Rendle

영명

Silver grass

분포 지역

한국, 일본, 중국 등

서식지

산과 들

개화 시기

9월

꽃말

친절

관련 단어

#은빛물결 #규소집적능력 #억센새풀 #까락 #분얼 #건원릉

억새의 호영 끝에는 길고 굽은 까끄라기가 있는데 하천변에서 자라는 물억새는 억새와는 달리 까끄라기가 없다. 호영 안쪽에 있는 길이 1.5mm로 다소 짧은 내영 안에는 3개의 수술과 2개의 암술이 있으며 꽃잎이 없는 안갖춘꽃이다. 우리가 은빛 물결이라고 부르는 빛에 반짝이는 하얀 것은 꽃이 아니라 사실 억새의 솜털 씨앗이다. 억새는 바람에 날려 씨앗이 퍼지는데 이때 멀리 날아갈 수 있도록 씨방 맨 끝에 갓털이라고도 부르는 솜털 같은 관모冠毛, pappus가 뽀얗게 꽃이 핀 것처럼 보일 뿐이다.

대부분의 식물은 생장점生長點, growing point이 줄기 끝에 있어 위로 뻗어 나간다. 그러나 억새는 생장점이 뿌리에 가까운 줄기 밑동에 있다. 밑동 마디에서 곁눈이 생겨나 또 다른 줄기와 잎을 형성하는 분얼分蘖, tillering을 한다. 이 또한 초식 동물에게 잎의 윗부분을 먹혀도 밑에 있는 생장점에는 전혀 손상이 없어 계속 잎을 만들고 포기를 늘리려는 억새의 생존 전략 중 하나다. 억새는 분열을 통해 일정 규모로 커지다가 이후 급속도로 빠르게 퍼져 나가는 성질을 가지고 있어서 우리가 억새밭이라고 부르는 장관들을 곳곳에서 볼 수 있게 된 것이다. 뿌리줄기를 통해 땅속으로 넓게 뻗어 나가고 스트레스에 강한 억새는 도로나 제방의 유실을 막는 용도로 심는다. 이뿐만 아니라 왕성한 번식력을 자랑해 차세대 친환경 연료인 바이오 연료로의 사용도 기대된다. 억새의 기름에서 트라이글리세라이드triglyceride라는 지질을 추출해 화학 처리를 한 후 얻은 탄화수소는 연료 역할을 한다. 실제로 유럽 항공기 제조사인 에어버스airbus는 A380기를 100% 바이오 연료로 비행에 성공한 사례가 있다.

특이하게도 구리 동구릉에 있는 태조 이성계의 건원릉健元陵 봉분은

600여 년 동안 억새로 뒤덮여 있다. 사연인 즉은 고향 땅에 묻히고 싶다고 유언을 남긴 태조 이성계를 위해 그의 아들 태종 이방원이 함경남도 함흥 땅의 억새와 흙을 가져와 봉분을 조성했기 때문이다. 조선왕릉이 세계유산으로 등재된 이듬해인 2010년부터 매년 한식날 건원릉에서는 청완 예초의靑薍 刈草儀가 진행된다. 청완은 푸를 청靑, 물억새 완薍으로 억새를 가리키고, 예초의는 벨 예刈, 풀 초草, 거동 의儀로 풀을 베는 의식을 뜻한다. 1년 동안 무성하게 자란 억새를 베어 내 건원릉을 돌보는 것이다. 이쯤 되면 주변에 흔해서 진가를 몰라봤던 우리와는 다르게 조선 제1대 왕 태조 이성계는 억새의 귀함을 미리 짐작하고 자신의 묘에 쓴 선견지명을 가진 건 아니었나 싶다.

27

고객 맞춤 서비스

리콜라이 극락조화

봄이 되면 여기저기 꽃이 피어나고, 곳곳에 상춘객들이 인산인해를 이룬다. 그 사이를 비집고 들어가서 꽃들을 자세히 들여다보면 사람보다 북적거리는 존재들이 있다. 바로 곤충들이다. 봄이 되면 곤충들은 꿀을 얻기 위해 이곳저곳을 찾아다니느라 생계로 바쁜 와중에도 중매쟁이 역할을 한다. 꽃들이 준비한 만찬인 달콤한 꿀에 빠진 곤충들은 꽃 속을 허우적거리며 몸 구석구석에 수술에서 만들어진 꽃가루를 묻히고 다른 꽃의 암술머리에 옮긴다. 이처럼 곤충이 꽃가루를 옮겨주는 식물을 충매화蟲媒花, entomophilous flower라고 한다. 충매화들은 꽃샘의 꿀로 곤충을 유인하며 시선을 끌기 위해 대체로 화려하고 큼직한 꽃잎을 가지고 있다. 꽃잎이 작으면 곤충들의 눈에 띄기 쉽도록 함께 모여서 나 큰 덩어리처럼 보이게 만든다. 충매화는 꽃가루 매개자인 곤충을 상대로 특화된 식물이라고 할 수 있다.

리콜라이 극락조화 Giant white bird of paradise flower

Strelitzia Nicola Regel & K.Koch

종이에 연필, 78.7×106.7cm

기본 정보

학명

Strelitzia Nicola Regel & K.Koch

영명

Giant white bird of paradise flower, Wild banana

분포 지역

남아프리카

서식지

남아프리카, 플로리다, 캘리포니아 등 따뜻하고 햇빛이 강한 곳

개화 시기

5~8월(따뜻한 온도만 유지되면 사계절 내내)

꽃말

영구불멸, 신비

관련 단어

#조매화

#극락조를닮은꽃

#햇대

스스로 움직이지 못하는 식물들은 영리하게 자신의 상황에 맞는 방식을 찾아 수분이 이뤄지게 만들고 끊임없이 새 생명을 탄생시켜 오랜 시간 지구상에 존재해 왔다. 여기에도 그 영리한 식물이 있다. 바로 리콜라이 극락조화가 이야기 속 주인공이다.

남아프리카가 원산지인 리콜라이 극락조화의 꽃은 일반적으로 알려진 극락조화의 꽃보다 2배 이상 크다. 길이 45cm, 높이 18cm에 이르며 파푸아뉴기니의 국조인 극락조birds of paradise를 닮았다. 세상에서 가장 아름다운 새로 알려진 극락조는 수컷의 길고 정교한 장식깃이 매우 화려하고 아름답기로 유명하다. 구애할 때 힘껏 펼쳐진 극락조 깃털의 형태와 색감이 극락조화의 꽃과 매우 흡사하므로 극락조화는 극락조의 영명을 그대로 쓰고 리콜라이 극락조화 특유의 색감과 크기를 빗대어 giant white bird of paradise flower라고 불린다.

리콜라이 극락조화의 꽃이 극락조를 닮은 것은 우연이 아니다. 리콜라이 극락조화는 꽃가루를 옮기는 데 새의 도움이 절실한 조매화鳥媒花, ornithophilous flower이기 때문이다. 대부분의 조매화는 꽃이 크고 화려하다. 향기는 없지만 새가 앉을 수 있을 만큼 크고 단단한 꽃이 피어난다. 또한 조매화의 꽃가루는 바람에 쉽게 날리지 않는 60~100㎛(마이크로미터) 정도의 크기로 양이 적고 끈적임이 있어 새들의 몸에 묻어나기 좋게 진화되었다.

키가 큰 리콜라이 극락조화의 꽃은 잎과 비슷한 높이에서 꽃줄기가 나오기 때문에 멀리서도 흡사 살아 있는 화려한 새 한 마리를 보는 듯하다. 새를 닮은 생김새 덕분에 꽃가루 매개자인 새를 유인하는 데 매우 유리하다. 극락조화꽃의 단단한 새 부리 모양의 불염포 안에는 4~6장의 꽃잎들이 있으며 꽃들이 하나씩 피어나는 동안 불염포는 꽃잎을 보호한다. 여러 개의 하얀색 꽃받침조각들은 새의 벼슬처럼 곧추서 있고, 그 사이에 존재하는 화살처럼 뾰족하게 생긴 푸른색의 내화피편內花被片, inner petal은 다트 촉을 닮았다. 독특한 구조의 내화피편에는 암술대와 꽃밥이 있다. 내화피편 끝에는 회색빛의 꽃밥이 길게 나와 있으며, 안쪽에는 실 같은 꽃가루들이 모여 있다. 불염포와 내화피편이 만나는 부분에는 꿀샘이 있는데 이 모든 구조는 꽃가루 매개자를 위한 리콜라이 극락조화의 설계다. 푸른색의 내화피편은 작은 새가 날아들어 앉기 좋게 기꺼이 횃대 역할을 자처한다. 이때 꿀을 먹기 위해 착륙한 새의 발에는 내화피편의 실 같은 꽃가루 가닥들이 묻어난다. 새가 날아가 다른 극락조화꽃에 앉게 되면 꽃가루가 자연스레 옮겨져 수분이 이루어진다.

리콜라이 극락조화는 키가 7~8m까지 자라고 여러 대의 줄기가 함께 나와 지름이 3.5m에 이르는 거대한 몸집을 가지고 있는 여러해살이풀이다. 잎의 길이는 1.8m까지 자라고 짙은 회녹색의 긴 타원형이며 다방면으로 뻗어 자란다.

꽃이 없는 상태의 극락조화는 여인초와 헷갈리기 쉽다. 여인초*Ravenala madagascariensis*는 '부채파초'라고 불린다. 부채파초는 영명으로 traveler's tree, 즉 여행자 나무다. 여인초는 잎싸개(엽초)에 물이 고여 있기 때문에 목마른 여행자가 구멍을 뚫어 물을 구할 수 있어서 붙여진 이름이기도 하다. 또한 잎이 동서 방향으로 부채처럼 일정하게 배열되기에 길을 잃은 여행자가 나침반으로 사용할 수 있다고도 해서 East-West palm이라고도 불린다. 일정한 배열을 가진 여인초의 잎은 넓적하면서도 끝이 둥근 반면, 극락조화는 여러 방향으로 줄기가 나고 잎의 너비가 좁으며 길쭉한 타원형의 잎을 지녔다.

시원하게 쭉쭉 뻗어 자라난 리콜라이 극락조화를 만날 때마다 미지의 새를 발견한 것처럼 매번 감탄하며 놀라곤 한다. 좀 더 나은 번식을 위해 꽃가루 매개자인 새의 행동 패턴을 읽고 꽃의 구조를 그에 맞춰 살아왔을 것이다. 세대를 거듭하며 얼마나 많은 변화를 통해 지금에 이르렀는지 짐작해 보면 극락조화꽃의 불염포 너머로 흘러나온 꿀물이 마치 자신이 지나온 구구절절한 사연을 들어보라며 발길을 붙잡는 눈물 같아 보인다.

28

미의 여신
하와이무궁화

홍콩 여행 중 처음 보게 된 하와이무궁화의 강렬한 붉은색은 마치 사진을 찍어 놓은 것처럼 아직도 머릿속에 선명하다. 큼지막한 꽃송이는 상대적으로 매우 가느다란 줄기에 아슬아슬하게 붙어 있었다. 당당하게 아름다움을 뽐내는 하와이무궁화의 붉은 꽃은 강렬한 태양 아래서 빛났다. 화려하고 풍성한 꽃을 가진 하와이무궁화의 학명 *Hibiscus rosa-sinensis* 중 속명인 *Hibiscus*는 고대 이집트 달의 여신, 미의 여신을 뜻하는 'Hibis'와 그리스어로 닮았다는 의미를 가진 'isco'가 결합한 단어로 '미의 여신'을 닮았다는 의미를 품고 있다. 몇 번을 되뇌어 봐도 하와이무궁화에 딱 들어맞는 기가 막힌 학명이 아닐 수 없다.

하와이무궁화는 키가 작은 아욱과 나무로 2~5m까지 자란다. 달걀 모양의 잎사귀 끝은 뾰족하고 잎가장자리는 불규칙한 톱니 모양이다. 진한 녹색의 잎 표면은 광택이 있다. 멀리서도 눈에 띌 만큼 화려한 색감과 크기를 자랑하는 하와이무궁화의 꽃 지름은 10~15cm에 이른다. 깔때기 모양의 큰 꽃송이는 5장의 큼지막한 꽃잎으로 이루어져 있고, 꽃의 중심부에서 길게 쭉 수술통을 뚫고 나온 암술머리는 5개다. 그 아래쪽에 수많은 수술이 사방으로 솟아나고 꽃가루가 가득 묻어나는 꽃밥들이 생겨난다.

하와이무궁화는 암술이 수정 능력을 갖추기 전에 꽃밥에 있는 꽃가루들이 모두 다 떨어진다. 이는 하와이무궁화가 자가수분을 피하기 위함이다. 자가수분自家受粉, self-pollination은 한 그루의 식물 안에서 자신의 암술머리에 자신의 꽃가루를 묻혀 수정하는 현상이다. 하와이무궁화의 경우 수술보다 암술대가 길고 높이 올라와 있어서 수술에서 떨어지는 꽃가루가 암술머리에 닿지 않도록 생식 기관들이 서로 멀찍이 물리적 거리를 두고 있다. 또한 암술과 수술이 성숙하는 시기를 달리해 시차를 두고 자가수분을 피하기도 한다. 근친교배를 하면 유전적인 다양성이 줄어들어 질병에 취약해지기 때문이다. 이처럼 한 꽃에서 암술과 수술이 다른 시기에 성숙하는 것을 암수이숙雌雄異熟, dichogamy이라고 한다. 같은 종의 식물이지만 다른 식물의 꽃가루를 자신의 암술무리에 묻히는 타가수분他家受粉, cross-pollination으로 건강한 씨앗을 만들어 질병에 더욱 강해진 다음 세대를 꿈꾸는 것이다.

아욱과 식물인 하와이무궁화는 끊임없어 매일 새로운 꽃이 아침에 피어나 저녁에 지기 때문에 '하루 꽃'이라는 별명을 지니고 있다. 우리나라 국화로 알려진 무궁화*Hibiscus syriacus* L.도 아욱과 식물로 새벽에 꽃이 피어나기 시작해서 오후가 되면 차츰 오므라들다가 해 질 녘에 꽃송이가 떨어진다. 아욱과 식물들의 공통된 특징인 피고 지고를 반복하는 꽃송이들 때문에 '마라톤 꽃'이

하와이무궁화 Hawaiian Hibiscus

Hibiscus rosa-sinensis

종이에 펜과 잉크, 29.6×29.6cm

기본 정보

학명
Hibiscus rosa-sinensis

영명
Hawaiian Hibiscus

분포 지역
열대지방

서식지
동인도, 중국, 고온 다습한 환경

개화 시기
7~9월

꽃말
당신을 믿어요, 섬세한 사랑의 아름다움, 아무도 모르게 혼자 간직해온 사랑

관련 단어
#타가수분 #암수이숙 #취면운동 #안토시아닌 #하와이주화

라는 별명도 지녔다.

무궁화는 한여름 100일 동안 한 그루에서 대략 2000~5000송이의 꽃이 피어난다. 3천만 년 전에 같은 아욱과인 카카오, 그리고 2천 2백만 년 전에는 목화와 분화分化, differentiation가 일어나 두 차례의 배수체화倍數體化, diploidization 현상을 겪기도 했다. 이로 인해 개화 관련 염색체가 배로 증가해 100일이나 지속해서 꽃이 피는 진화가 이뤄졌다. 꽃이 쉼 없이 피어나는 무궁화의 특성 때문에 공간이나 시간 따위의 끝없음을 의미하는 '무궁無窮'을 써서 무궁화無窮花로 불린 것이 우연은 아닐 것이다.

사실 하와이무궁화는 우리 삶과 가까이에 있다. 붉은빛이 아름다운 히비스커스차가 바로 하와이무궁화로 만들어진 것이다. 하와이무궁화의 꽃잎은 말려서 꽃차로 사용하고 로젤Rosells이라고 불리는 하와이무궁화의 근연종인 *Hibiscus sabdariffa*는 열매와 꽃받침을 말려 히비스커스차를 우리는 데 사용된다.

기원전 4천 년부터 아프리카에서 약재로 사용된 하와이무궁화는 다양한 효능을 가지고 있다. 꽃잎이 붉은 이유는 안토시아닌이 가지고 있는 색소 때문이다. 붉은빛의 꽃잎 덕분에 이 색에 반응하는 꽃가루 매개자들을 유인하기 쉬워진다. 또한 안토시아닌 색소의 자외선 흡수 작용은 식물을 자외선으로부터 보호하는 역할을 한다.

하와이무궁화에 풍부하게 들어 있는 안토시아닌은 노화 방지, 감기 예방 등에 좋다고 알려져 있으며, 구연산 또한 풍부해 피로 해소에도 효과가 있다. 최근에는 식품의약품안전처가 인정한 다이어트 기능성 원료인 HCA, 히비스커스산, 카테킨이 히비스커스에 함유되어 체지방 감소에도 효과가 있다고 한다. 100일 간 끊임없이 피어나는 미의 여신을 닮은 하와이무궁화의 아름다움이 미학적 요소로만 머물지 않고 사람을 이롭게 하는 것이다.

하와이무궁화가 주화州花, state flower인 하와이에서는 3000개 이상의 품종이 개발되었다. 하와이에서는 전통의상과 인테리어 소품에 이르기까지 하와이무궁화의 아름다움을 다양한 방식으로 즐긴다. 아름다운 선율에 맞춰 훌라 댄스를 추는 댄서들의 머리를 장식하기도 하고 하와이안항공의 브랜드 로고에도 바람에 흩날리는 머릿결을 가진 여인의 귀 옆에 하와이무궁화가 그려져 있다. 그들의 하와이무궁화에 대한 무한한 사랑이 느껴진다. 매미 소리가 우렁차게 울려 퍼지는 뜨거운 여름철, 길가에 피어난 무궁화들을 들여다보며 생각한다. 우리나라의 무궁화도 하와이처럼 생활 곳곳에 아름답게 사용된다면 훨씬 더 많은 사람에게 사랑받는 꽃이 되지 않을까.

29

플래시백
라일락

라일락 향기가 부드러운 바람을 타고 코끝에 스치는 봄밤의 정취를 사계절의 그 어떤 순간보다도 사랑한다. 영화를 보면 과거 회상 장면을 플래시백flashback으로 보여주곤 하듯 4월이 되면 아련히 떠오르는 옛 기억 속 순간들. 어렴풋하게 라일락 향기를 느끼자마자 마치 순간 이동을 한 것처럼 그때 그 기억 속으로 빠져든다.

슬픈 기억마저도 희석시키는 참으로 곱고 고운 향기. 라일락 향기에 떠오르는 기억이 누구나 하나쯤은 있겠구나 싶다. 라일락의 꽃말이 첫사랑, 젊은 날의 추억인 것은 우연이 아닐지도 모르겠다.

라일락은 낙엽 작은키나무로 3~5m 높이로 자라며 나무 밑동에 새 가지를 많이 내고 뿌리에서 싹이 계속 돋아난다. 1889년 정신병원에 입원했던 화가 반고흐가 병원 정원에 있는 라일락을 보고 그린 작품 〈라일락 덤블Lilac

라일락 Lilac

Syringa vulgaris L.

에칭, 14.7×19.8cm

기본 정보

학명
Syringa vulgaris L.

영명
Lilac

분포 지역
동아시아, 유럽 남동부

서식지
정원, 공원 등

개화 시기
4~5월

꽃말
첫사랑, 젊은 날의 추억

관련 단어
#서양수수꽃다리
#방향유

Bush〉을 보면 라일락이 수십 년간 자라나 라일락 덤불로 변해버린 멋진 모습을 볼 수 있다.

라일락 잎은 길이 4~12cm, 폭 3~8cm 정도로 달걀을 세로로 자른 면과 비슷하게 생겼다. 잎끝은 뾰족하고 잎 가장자리는 밋밋하다. 잎 앞면은 광택감이 있고 뒷면은 광택이 없는 연녹색을 띤다. 4~5월에 피는 꽃은 묵은 가지에서 난다. 4월이 되면 보통 2년생 가지 끝에 적자색의 어린잎과 함께 꽃봉오리가 나온다. 꽃봉오리는 원뿔 모양의 원추꽃차례인데 15~20cm 크기로 아래쪽 꽃송이들부터 순서대로 피어난다. 꽃송이를 하나씩 자세히 들여다보면 6~10mm 길이의 가느다란 꽃자루 끝에서 지름 8~12mm의 네 갈래로 갈라진 깔때기 모양의 꽃이 피어난다.

라일락은 달콤한 꽃향기 덕분에 정원이나 공원에 많이 심어지는 관상수다. 향수의 원료로도 사용되는데, 16세기 말 수증기 증류를 이용한 향료 채취가 가능해지면서 라일락꽃에서 채취한 휘발성 기름이 포함된 방향유芳香油가 화장품, 향수, 껌 등 다양한 부문에서 사용되었다. 라일락꽃에 포함된 이 휘발성 기름 때문에 라일락꽃이 피면 꽃향기가 사방으로 퍼진다. 라일락처럼 꽃이 작고 색이 화려하지 않은 식물일수록 꽃가루 매개자를 유혹하기 위한 유일한 무기인 향이 훨씬 짙어지는 경향이 있다.

유럽이 원산지인 라일락과 비슷한 생김새를 지니고 라일락 사촌뻘쯤 되는 우리나라 자생식물이 있다. 이름도 독특한 수수꽃다리*Syringa oblata* Lindl. var. *dilatata* (Nakai) Rehder가 바로 그것이다. '꽃이 달린 모습이 수수 이삭과 비슷하다'라고 해서 '수수꽃다리'고 불리는데 한반도 북쪽 석회암 지대인 황해도, 함경북도, 평안남도에 분포하는 고유종이다.

라일락은 잎의 폭보다 길이가 길지만 수수꽃다리는 잎의 폭과 길이가 비슷하다. 라일락의 화관 길이가 8~10mm 정도라면 수수꽃다리는 10~20mm 정도로 라일락에 비해 길다. 이 때문에 라일락의 원추꽃차례는 꽃이 오밀조밀 분포되어 빼곡해 보이지만 수수꽃다리는 다소 긴 화관 때문에 헤싱헤싱하니 성글어 보인다.

물푸레나뭇과*Oleaceae* 수수꽃다리속*Syringa*인 라일락은 '서양수수꽃다리'라고도 불린다. 수수꽃다리속 나무로는 개회나무, 버들개회나무, 꽃개회나무, 털개회나무 등이 있는데 라일락과 비슷한 모양의 꽃을 지니고 있다. 이들 중 털개회나무는 씁쓸한 사연을 가진 식물이다.

1947년 미군정청 소속 미국인이 털개회나무의 종자를 북한산 백운대에서 채취해 미국으로 가져가 원예종으로 개량한 후 '미스김 라일락Miss Kim lilac, *Syringa pubescens* subsp. *patula*'이라 명명하고 특허 등록을 했다. 크기가 작고 진한 향기를 지닌 미스김 라일락은 미국 시장에서 큰 호응을 받으며 세계적으로 로열티 사업에 열을 올리고 있다. 심지어 이제는 원산지인 우리나라 역시 미스김 라일락을 로열티를 주고 수입해야 하는 상황이다.

예로부터 나라가 어수선해질 때마다 다양한 수난의 역사를 겪은 우리나라가 2001년부터 자생식물의 반출을 금지하는 '생물자원국외반출 승인제'를 실시하고 있다. 인천에 있는 국립생물자원관에 가면 우리나라 생물자원의 다양한 면모를 확인하며 그 귀한 가치를 새삼 느끼게 된다.

생물자원에 대한 소리 없는 전쟁이 시작된 국제사회에서 이제라도 우리나라 생물의 주권을 확립하고 지켜 나가는 것은 매우 중요한 일이다. 아름다운 선율이 일색인 라흐마니노프의 라일락(Sergei Rachmaninoff-Lilacs Op. 21 No. 5)을 들으며 씁쓸한 마음을 조금은 가다듬어야겠다.

30

악취도 전략
스타펠리아 지간테아, 라플레시아 아르놀디, 타이탄 아룸

나는 식물세밀화를 그리는 사람이기도 하지만 워낙 식물을 좋아한다. 그래서 타인에게 식물화가 겸 식물집사라고 스스로 소개할 정도다. 아침마다 목마른 식물들을 찾아내고, 물을 주고, 잎을 닦고, 분갈이를 하며 식물과 함께 사계절을 보낸다. 실제로 현재 머물고 있는 작업실은 내가 사랑하는 반려 식물 60여 종을 키우기에 더없이 볕이 좋은 곳이다. 식물을 키우며 사계절의 변화를 이해하고 마치 아이를 키우듯 각 식물의 생태에 맞는 환경을 제공하기 위해 노력을 다한다. 빛을 좋아하는 녀석들은 창가에 올려 두고, 습도가 중요한 아이들은 가습기를 틀어주고 물에 적신 수태를 흙 위에 얹어 촉촉한 환경을 만들어준다. 아끼는 반려 식물 중 처음부터 이 책 속 한 부분을 담당하리라 예상했던 매우 특이한 녀석이 있다. 일조량이 짧아지는 매해 가을마다 작업실 창가에서 꽃을 피우는 스타펠리아 지간테아가 바로 이야기 속 주인공이다.

스타펠리아 지간테아는 잎이 없는 다육식물이다. 줄기는 밝은 회녹색으로 만져보면 매우 부드러운 털로 덮여 있으며 높이 20cm, 지름 3cm 정도로 무리 지어 난다. 스타펠리아 지간테아는 줄기에 수분을 저장하고 있는 식물이기 때문에 줄기를 만져보면 물 부족 여부를 확인할 수 있다. 부드러운 줄기는 마치 부드럽고 통통한 아기의 팔을 만지는 느낌마저 든다. 스타펠리아 지간테아의 줄기는 물을 줄 때가 되면 말랑말랑해지는데, 그때 화분 밑으로 흘러나올 만큼 물을 충분히 주면 어느새 줄기가 빵빵해진다. 줄기는 둔한 4능형으로 줄기 끝으로 갈수록 점점 편평하고 가늘다. 4능의 각 모서리에는 무디고 작은 톱니들이 있지만 뾰족하지는 않아서 찔릴 일은 없다.

스타펠리아 지간테아의 특이점은 7월 이후에 연이어 피어나는 꽃이다. 작은 체구에 꽃이 얼마나 큰지 상상 이상의 부피가 느껴질 정도로 터질듯한 풍선처럼 부풀어 오른다. 보통 1~3개의 꽃봉오리가 줄기 밑동에서 연이어 생겨나는데, 지름이 15~25cm 정도로 덩치에 비해 매우 큰 꽃이 핀다. 다섯 갈래로 깊이 갈라진 꽃잎은 방사상으로 펼쳐져 불가사리 모양처럼 생겼으며 꽃잎 끝부분이 뒤틀리는 경우도 있다. 꽃잎에는 은은한 노란색 바탕에 검붉은 물결무늬가 있으며 꽃잎 표면과 가장자리에 약 8mm 정도의 가느다랗고 부드러운 털들이 매우 많이 나 있다.

스타펠리아 지간테아꽃은 멀리서 보기에는 굉장히 멋진 모습이지만 가까이 코를 들이대는 순간 엄청난 반전 매력을 선보인다. 스타펠리아 지간테아의 영명을 들여다보면 이 친구의 반전 매력을 대충 짐작할 수 있다. 스타펠리아 지간테아의 영명은 Carrion plant로 여기서 carrion은 죽은 짐승의 썩어가는 고기를 뜻한다. 스타펠리아 지간테아는 꽃의 중심에서 화들짝 놀랄 만

스타펠리아 지간테아 Carrion plant

Stapelia gigantea N.E.Br

에칭, 애쿼틴트, 29.8×19.6cm

기본 정보

학명

Stapelia gigantea N.E.Br

영명

Carrion plant, Giant Toad Plant

분포 지역

남아프리카 탄자니아

서식지

건조한 지역, 바위가 많은 언덕, 계곡 및 사막

개화 시기

9~11월

꽃말

불타는 마음

관련 단어

#썩은고기냄새

#파리

큼 생선이 썩는 듯한 고약한 악취가 난다. 스타펠리아 지간테아의 원산지인 아프리카는 매우 건조하기 때문에 꽃가루 매개자인 벌이나 나비가 드물다. 이런 이유로 생선이 부패할 때 풍길 법한 썩은 냄새와 함께 커다란 꽃잎으로 털이 난 동물의 사체가 부패되는 모습까지 흉내내며 꽃가루 매가자인 파리를 유혹하는 것이다. 실제로 작업실 학생이 키우는 스타펠리아 지간테아에는 파리가 알을 낳고 간 흔적도 볼 수 있었다. 인간에게는 다시 맡기 싫은 악취에 불과하지만 스타펠리아 지간테아에게는 번식을 위한 꽃가루 매개자를 유도할 멋진 향기인 것이다.

스타펠리아 지간테아처럼 악취로 꽃가루 매개자를 유혹하는 식물은 열대 우림 지역에도 있다. 유네스코 세계유산으로 지정된 면적 2천 5백만 헥타르ha의 수마트라의 열대 우림 지역에는 한 쌍의 암술과 수술만으로 이뤄진 단일 꽃 중 전 세계에서 제일 큰 꽃이 있다. 라플레시아 아르놀디는 무게가 최대 11kg, 꽃봉오리의 지름이 45cm, 만개한 꽃의 지름이 대략 1m에 이른다. 꽃이 어느 정도로 큰가 하면 꽃 중앙에 있는 꽃술에는 물이 60L나 담기는 거대한 몸집을 가지고 있다.

5~7장의 꽃잎을 지닌 라플레시아 아르놀디는 꽃만 존재하고 뿌리도 줄기도 잎도 엽록소도 전혀 없어 스스로 광합성을 할 수 없는 기생식물이다. 포도과*vitaceae* 테트라스티그마속*Tetrastigma* 식물의 덩굴 줄기의 관다발 조직에 침투해 실 같은 조직을 이루며 기생한다. 라플레시아 아르놀디는 숙주 식물인 테트라스티그마의 유전자를 '수평적 유전자 이동'으로 훔쳐내 숙주 식물의 방어 체계를 파악하고 끝까지 기생한다. 그리고 원하는 영양분을 흡수해

라플레시아 아르놀디Corpse flower

Rafflesia arnoldii

에칭, 10×10cm

기본 정보

학명

Rafflesia arnoldii

영명

Corpse flower

분포 지역

수마트라, 보르네오 등

서식지

열대우림 정글

개화 시기

일정치 않음

꽃말

장대한 미와 순결

관련 단어

#거대한꽃

#기생식물

안전하게 꽃을 피우기 위한 준비를 한다. 꽃을 피울 준비를 마친 라플레시아 아르놀디는 테트라스티그마의 덩굴줄기에 아주 작은 꽃눈을 만들고 1년 동안 점점 부풀어 오르다가 적자색의 양배추 같은 동그랗고 통통한 모습의 꽃봉오리를 만들어낸다.

라플레시아 아르놀디의 꽃은 한 번 보면 잊을 수 없을 정도로 매우 인상적이다. 붉은 바탕에 노르스름한 돌기들이 솟아난 모습은 마치 붉은 살코기가 부패해 가는 모습과 비슷하며, 노르스름한 돌기들은 고름이 잔뜩 생겨난 반점처럼 보인다. 부패하는 살코기처럼 보이는 라플레시아 아르놀디의 커다란 꽃잎은 꽃가루 매개자들을 유혹한다.

일주일도 못 채우고 꽃이 지는 라플레시아 아르놀디는 부패한 살코기를 닮은 꽃과 큰 덩치 이외에 또 하나의 묘안을 내놓는다. 라플레시아 아르놀디의 영명은 Corpse flower인데 시체를 뜻하는 corpse라는 단어에서 짐작할 수 있듯이 거대한 꽃에서 시체 썩는 냄새가 난다. 꽃이 눈에 띄기도 전에 저 멀리서 스멀스멀 풍기는 악취로 라플레시아 아르놀디 꽃의 유무를 가늠할 수 있을 정도라고 한다. 이 악취 역시 다양한 식물이 존재하는 열대우림에서 다른 식물과의 경쟁을 피하기 위한 것이다. 라플레시아 아르놀디는 자신이 선택한 꽃가루 매개자인 검정파리나 딱정벌레가 좋아하는 암모니아 향을 포함한 지독한 냄새를 풍긴다. 라플레시아 아르놀디 꽃의 중심에는 커다란 구멍이 하나 있다. 그 안을 들여다보면 아직까지 정확한 기능이 알려지지 않은 돌기들이 가득 솟아 있는 둥글고 넓적한 꽃쟁반disk이 있는데, 그 아래에는 꽃밥과 암술머리가 있다. 꽃가루 매개자인 검정파리가 냄새를 맡고 그 안으로 들어가면 끈적한 꽃가루가 검정파리의 등에 붙는다. 이로부터 몇 주 동안 검정

파리는 라플레시아 아르놀디의 암꽃과 수꽃을 오가며 꽃가루를 나르는 매개자로서 역할을 충실히 하게 된다. 1년 동안 준비해 온 꽃봉오리가 일주일도 채 피어나지 못하니 얼마나 애간장이 탔을까 싶다. 그러니 거대한 꽃 크기에도 모자라 시체를 흉내 낸 꽃잎에 시체가 썩는 냄새까지. 꽃가루 매개자를 유인해 자손 번성을 하려는 라플레시아 아르놀디의 처절할 정도로 다채로운 노력은 입이 닳도록 애썼다며 토닥거리고 싶은 정도다.

라플레시아 아르놀디와 함께 시체꽃으로 불리는 또 하나의 식물이 있다. 인도네시아 수마트라섬 열대 우림에 사는 타이탄 아룸이 바로 그 주인공이다. 암술과 수술이 한 쌍 존재하는 단일 꽃 중 가장 거대한 식물이 라플레시아 아르놀디라면 암술과 수술이 두 쌍 이상인 수많은 작은 꽃들이 피는 육수꽃차례육수화서, 肉穗花序, spadix를 지닌 꽃 중에서는 타이탄 아룸이 가장 크다.

키가 3m 이상인 거대한 타이탄 아룸의 꽃잎처럼 보이는 것은 불염포다. 바게트처럼 솟아난 육수꽃차례의 꽃을 둘러싸고 있는 넓은 잎 모양의 포를 말한다. 타이탄 아룸의 불염포 겉면은 녹색, 안면은 짙은 빨간색으로 깊은 주름이 있는 주름치마 같아 보인다. 불염포가 감싸고 있는 가운데 우뚝 솟은 육수꽃차례는 속이 빈 다육질이다.

불염포로 감싸져 있는 육수꽃차례 아래쪽을 살펴보면 2개의 고리처럼 위쪽에는 하얀색 수꽃들이, 아래쪽은 빨간색 암꽃들이 함께 수백 송이 존재하는 암수한그루다. 암꽃과 수꽃은 자가수분을 막기 위해 암꽃이 먼저 피고 수꽃이 하루 이틀 나중에 피어나는데 꽃차례는 24~36시간만 존재할 뿐이다. 짧은 시간 동안 수분을 해야 하는 타이탄 아룸은 꽃가루 매개자들인 송장벌

타이탄 아룸 Titan arum

Amorphophallus titanum
수제 종이에 펜과 잉크, 10×15cm

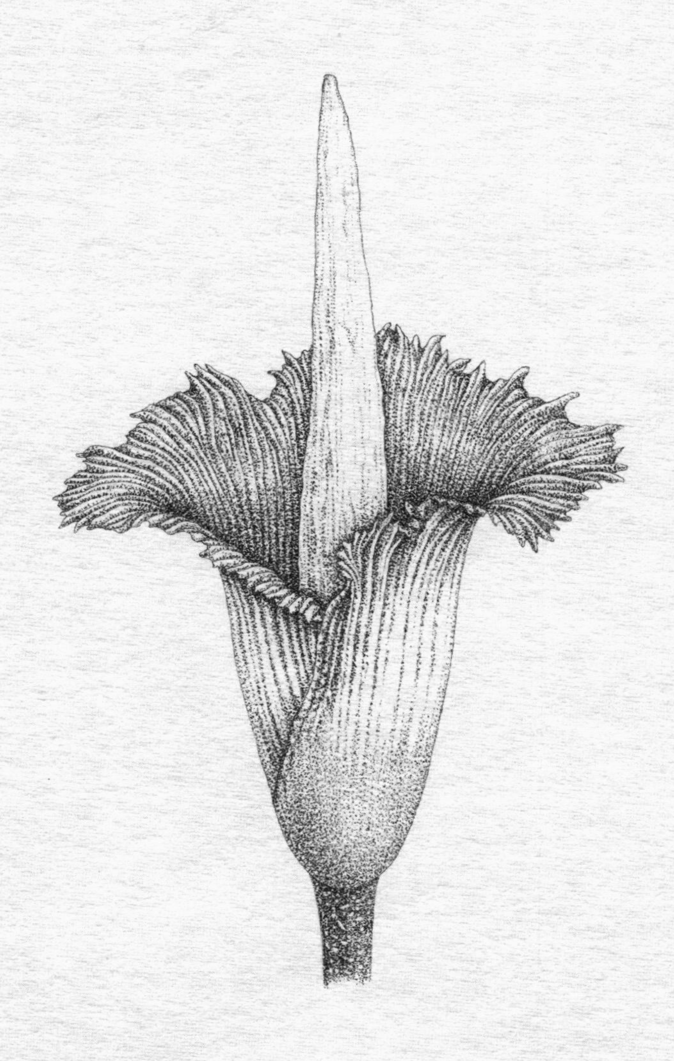

기본 정보

학명
Amorphophallus titanum

영명
Titan arum, corpse plant

분포 지역
적도 부근의 열대우림

서식지
인도네시아 수마트라섬의 고유종

개화 시기
3~10년에 한 번 이틀 정도만 개화

꽃말
허무

관련 단어
#알뿌리
#십년에한번
#육수꽃차례

레와 쉬파리를 불러들이기 위해 고약한 시체가 썩는 듯한 악취를 풍기기 시작한다. 이때 바게트처럼 생긴 육수꽃차례는 악취를 멀리 퍼트리기 위해 사람의 체온과 비슷한 36도 정도의 온도를 유지한다. 타이탄 아룸이 주로 서식하는 인도네시아 수마트라의 온도가 24~32도 정도인 것을 고려하면 타이탄 아룸의 열기는 주위 온도보다 훨씬 높은 편이다. 타이탄 아룸의 시체 썩는 냄새는 열의 대류현상을 통해 위로 올라가 퍼지게 된다. 3m가 넘는 꽃이 풍기는 악취는 반경 1km까지 퍼져 나가 마치 수마트라섬의 수많은 꽃가루 매개자들에게 여기에 부패가 잘 된 좋은 먹잇감이 있다고 광고하는 셈이다. 악취를 맡고 여기저기에서 달려든 꽃가루 매개자들은 불염포의 짙은 붉은색을 보고 부패하기 시작한 고기라고 확신한다. 냄새의 근원지인 육수꽃차례 아랫쪽을 뒤지지만 원하는 것은 결국 얻지 못한 채 온 몸에 타이탄 아룸의 꽃가루를 묻히게 된다.

악취는 타이탄 아룸이 오랫동안 준비해 온 과정의 일부일 뿐이다. 보통 3~10년에 겨우 한 번 피어나는 타이탄 아룸은 잠깐 꽃을 피우기 위해 오랫동안 남모를 노력을 한다. 타이탄 아룸은 꽃을 피우기 전 무게가 최대 158kg, 지름이 1m가 넘는 알뿌리에 7년 동안 영양분을 저장한다. 영양분을 저장하는 동안 타이탄 아룸은 여느 식물과 다름없이 작은 초록색 잎으로 시작해 키가 최대 6m에 이르는 잎이 무성한 나무로 성장한다. 그러다 알뿌리에 꽃을 피울 정도로 적당한 영양분을 모았다고 생각되면 나무는 저절로 쓰러져버리고 알뿌리만 덩그러니 땅속에 남는다. 그렇게 알뿌리 상태로 4개월의 짧은 휴면기를 거쳐 이번에는 꽃을 피우기 위해 작은 새순을 내기 시작하며 개화를 향해 내달린다.

땅 속에서 7년을 지내다 여름의 짧은 2주 동안 우렁차게 울어대는 매미를 보며 시끄럽다고 생각하기보다는 그동안 땅속에서 어둠을 견디며 지낸 시간만큼 신나게 울어대라며 응원하던 마음이 타이탄 아룸을 향한다. 최대 10년간 땅속의 알뿌리를 키우며 기다린 타이탄 아룸의 3m가 넘는 거대한 꽃은 48시간을 다 채우기도 전에 한순간에 꺾이고 만다. 타이탄 아룸의 장렬한 최후는 눈물이 날 정도로 아름다운 광경이다. 오랜 기다림을 통해 이뤄낸 꽃이 제 역할을 다하고 다시 흙으로 돌아가는 순간이기에.

악취라는 전략을 가진 스타펠리아 지간테아, 라플레시아 아르놀디, 그리고 타이탄 아룸의 향은 인간의 기준에서나 악취를 풍긴다고 평가될 뿐 아름다운 꽃향기와 다를 바가 전혀 없다. 이 세상 모든 사물은 각자의 고유한 아름다움을 타고났다. 하나의 기준으로 자로 잰 듯 일렬로 줄 세우기를 하기보다는 각자가 타고난 존재 자체의 아름다움을 인정하는 것이 자연의 미를 느끼는 가장 자연스러운 마음가짐일 것이다.

31

숲속의 하얀 천사들
은방울꽃, 은방울수선, 설강화

매년 5월이 되면 어김없이 경복궁 교태전 후원의 굴뚝 정원인 아미산으로 향한다. 20살 때부터 자주 갔던 경복궁 아미산 정원은 식물세밀화를 그리며 살아가는 지금의 나에게 더없이 아름다운 정원이며 흥미로운 곳이다. 아미산 정원은 장대석으로 4단의 석축을 쌓아 각 단마다 흙을 채워 계절별로 서로 다른 식물들이 피어나며 보물 제811호인 아미산 굴뚝과 함께 어우러져 아름다운 공간미를 내뿜는다. 특히 5월은 청초하고 청아한 하얀 꽃을 보기 위해 경복궁을 들어서자마자 발걸음이 바빠진다. 경복궁에서 보고 또 봐도 보고 싶은 꽃 1순위는 숲속 요정처럼 생긴 아주 작은 은방울꽃이다. 아미산 정원을 지나가다 보면 발길을 휘어잡는 향기가 난다. 향기가 이끄는 곳으로 고개를 돌리면 키 큰 식물들이 만들어낸 반그늘에 숨어서 청초하게 피어난 키 작은 은방울꽃 무리를 볼 수 있다.

은방울꽃은 땅속줄기가 옆으로 넓게 퍼지고 많은 수염뿌리를 가지고 있어 군데군데 새순이 돋아나기 때문에 군락을 이루며 자라난다. 3월 말쯤 잎이 나기 전에 칼집 모양의 잎인 막질의 초상엽이 솟아나는데 잎을 보호하는 역할을 한다. 그 속에서 보통 2개의 잎이 서로 감싸듯 나와 원줄기처럼 보인다. 앞면은 진한 녹색이고 뒷면은 녹색에 연한 흰빛이 살짝 감돈다. 잎은 길이가 12~18cm, 너비가 3~7cm다. 잎 가장자리는 밋밋하고 전체적으로 넓은 타원형이며 잎끝은 뾰족하다. 은방울꽃의 잎사귀는 모양이 둥굴레나 산마늘과 비슷하지만, 은은한 향기와 귀여운 모습과는 다르게 식물 전체가 독성이 강하므로 섭취해서는 안 된다.

4~5월이 되면 총길이가 10~20cm인 꽃줄기가 땅을 향해 휘어지고 꽃줄기 윗부분에는 하얀 꽃송이 10여 개가 총상꽃차례를 이루며 달린다. 6~12mm의 꽃자루 밑에는 5mm의 막질의 꽃싸개잎이 있다. 굽어진 꽃자루 끝에 매달린 꽃송이들은 모두 아래로 피어난다. 청아한 종소리가 들릴 것 같은 은방울꽃은 통꽃sympetalous flower으로 꽃자루에 붙은 밑동은 서로 붙어 있다. 꽃의 끝부분은 여섯 갈래로 갈라져 조금씩 바깥쪽으로 구부러진 넓은 종 모양이다. 꽃송이 하나의 지름은 5mm이며 1개의 암술과 6개의 수술을 가지고 있다.

은방울꽃의 학명 *Convallaria keiskei* Miq.에서 속명인 *Convallaria*는 라틴어로 '골짜기'라는 뜻의 convallis와 '백합'이라는 뜻의 그리스어 leirion이 합쳐진 말로 '골짜기의 백합'을 뜻한다. 영명 역시 5월의 골짜기에서 향기롭게 피어나는 은방울꽃의 특징을 표현하는 Lily of the valley 또는 May lily이다. 백합목 백합과에 속하는 은방울꽃은 산지 숲속 반그늘에서 자라나니 더없이 잘 어울리는 이름이 아닐 수 없다.

은방울꽃 Lily of the valley

Convallaria keiskei Miq.

수제 종이에 펜과 잉크, 10×15cm

기본 정보

학명

Convallaria keiskei Miq.

영명

Lily of the valley, May lily

분포 지역

한국, 일본, 중국, 동시베리아

서식지

산지 숲속 반그늘

개화 시기

4~5월

꽃말

순결, 다시 찾은 행복, 틀림없이 행복해진다

관련 단어

#향기 #삼손과데릴라

은방울꽃의 향은 한 번 맡으면 잊을 수 없는 우아하고 고급스러운 느낌이 강해 고급 향수의 원료로 사용된다. 프랑스의 작곡가 생상스의 오페라 〈삼손과 데릴라〉 2막 6장 데릴라의 아리아는 "향기로운 은방울꽃이 그윽하지만 나의 입맞춤은 그보다 더 달콤하지요."라고 시작된다. 삼손을 유혹하던 데릴라가 자신의 키스를 은방울꽃 향기와 비교할 정도다. 은방울꽃 향을 한 번이라도 맡아본 사람이라면 그 향기를 평생 잊을 수 없다.

은방울꽃만큼 향기롭고 하얀 종 모양의 꽃 때문에 사람들이 흔히 헷갈릴 수 있는 꽃이 있다. 눈송이를 닮은 깨끗한 꽃 때문에 스노플레이크snowflake라고 불리는 은방울수선은 꽃 모양이 은방울꽃을 닮았고 잎은 수선화 잎을 닮았다. 은방울수선은 알뿌리에 양분을 저장하는 다년생 추식구근秋植球根, fall planting bulb이다. 추식구근은 가을에 심는 구근들로 봄에 꽃을 보는 식물이다. 다만 가을, 겨울을 흙 속에서 지내야 하므로 구근 지름의 2~3배 깊이로 심어야 한다. 은방울수선의 구근은 지름이 4cm 정도이므로 8~12cm 깊이로 심으면 겨울의 가뭄이나 추위를 견딜 수 있다.

은방울수선은 키가 작은 은방울꽃과는 다르게 키가 35~60cm 정도이며 때때로 90cm까지 자라나는 대형 품종이다. 폭이 5~20mm인 잎은 긴 띠 모양으로 수선화의 잎과 매우 흡사하며 짙은 녹색을 띠고 잎끝은 둔하고 두껍다. 잎사귀 역시 50cm를 훌쩍 넘는 길이로 꽃과 비슷한 높이로 자란다. 꽃대는 속이 비어 있고 양옆에 막질의 날개처럼 생긴 것이 있다.

4~5월에 피어나는 은방울수선의 하얀 꽃은 은방울꽃처럼 종 모양으로 땅을 바라본다. 꽃의 지름은 3~4cm로 은방울꽃보다 6~8배 되는 크기다. 꽃

은방울수선Snowflake

Leucojum aestivum L.

종이에 펜과 잉크, 36.5×51.5cm

기본 정보

학명

Leucojum aestivum L.

영명

Snowflake, Summer Snowflake, Gravetye giant, Leucojum

분포 지역

중부 유럽과 지중해

서식지

유럽 중남부

개화 시기

4~5월

꽃말

순수, 아름다움

관련 단어

#추식구근 #초록색반점

은 전체적으로 둥글고 끝은 밖으로 굽어 뾰족하게 튀어나오며 6장의 꽃잎 끝에는 초록색 반점이 있다. 암술 1개와 수술 6개가 있고 한 줄기에 3~7송이의 꽃이 달린다. 은방울수선 꽃에서는 제비꽃 향이 은은하게 풍긴다.

키가 큰 대형 품종인 여름은방울수선summer snowflake, *Leucojum aestivum* L.은 키가 60cm가 넘게 크고 4월 중순에 피어나지만 키가 작은 봄은방울수선spring snowflake, *Leucojum vernum*은 10~15cm 정도로 자라고 꽃은 2~3월에 피어난다. 봄은방울수선 역시 꽃에 초록색 반점이 있는데 꽃이 성숙하면 반점의 색상이 노란색으로 변한다. 이것은 꽃가루 매개자인 벌에게 주는 신호다. 이제 막 피어난 하얀 꽃송이에는 진한 초록색 반점이 있어 꽃가루 매개자를 불러들인다. 꽃들의 수분이 이뤄진 후에는 꽃가루 매개자에게 더 이상 오지 말라는 신호로 노란색 반점을 보인다. 아주 미묘한 변화이지만 에너지 낭비를 막는 은방울수선의 효율적인 신호가 아닐 수 없다. 은방울꽃에는 없는 이 무늬가 은방울수선의 가장 큰 특징이라고 할 수 있다.

은방울꽃, 은방울수선과는 닮았지만 더 일찍 피는 꽃도 있다. 설강화雪降花는 눈 속에 피는 꽃이라는 뜻으로 영명 snowdrop이라 불린다. 설강화의 학명인 *Galanthus nivalis* L.에서 속명인 *Galanthus*는 그리스어로 '우유'를 뜻하는 'gála'와 '꽃'을 뜻하는 'ánthos'의 합성어로 '우윳빛 순백의 꽃'이라는 뜻이다. 학명 중 종명인 *nivalis*는 '흰색', '눈에서 자라는'을 뜻한다. 하늘에서 떨어지는 눈송이를 닮은 순백의 꽃 설강화는 눈 속에서 피어나는 1월 1일의 탄생화이기도 하다.

설강화 Snowdrop

Galanthus nivalis L.

수제 종이에 펜과 잉크, 10×15cm

기본 정보

학명

Galanthus nivalis L.

영명

Snowdrop, Galanthus

분포 지역

남유럽, 우크라이나

서식지

겨울에 햇볕이 잘 들고
여름에 그늘지는 곳

개화 시기

1~4월

꽃말

희망, 위안, 인내

관련 단어

#1월1일의탄생화
#항열성 #시옷무늬
카렐차페크
#차이코프스키

설강화는 유럽에서 인기가 많아 설강화 애호가이자 수집자들을 갈란토필galanthophile, 갈란토마니아galanthomania라고 부른다. 설강화는 교배를 통해 매년 새로운 개량종이 만들어지는데 2022년에는 18년에 걸쳐 교배에 성공한 골든 티어스Golden tears라는 설강화 개량종 구근 하나가 1,390파운드, 당시 한화로 약 230만 원에 팔리기도 했다.

설강화는 가을에 심는 구근초 중 춘분春分이 오기 전 가장 먼저 겨울에 꽃을 피운다. 1월 말 양지바른 곳에서는 길이 10cm 정도의 2~3장의 잎이 올라오기 시작하며 가느다랗고 작은 꽃자루에 하나의 꽃이 맺힌다. 새하얀 꽃송이는 아래로 피는데 총 6장의 꽃받침조각으로 이뤄졌다. 꽃봉오리 상태에서 약 2.5cm 크기의 겉을 감싸고 있던 3장의 꽃받침조각들이 먼저 펼쳐지고 그 안에 웅크리고 있던 조금 더 작은 3장의 꽃받침조각들이 모습을 드러낸다. 안쪽 꽃받침조각에는 시옷(ㅅ) 모양의 초록색 무늬가 있다. 바깥쪽 3장의 꽃받침조각은 외부 온도가 10도 이상이 되면 위쪽으로 살짝 올라가며 꽃가루매개자들의 접근을 적극적으로 돕다가 온도가 낮아지면 다시 슬며시 내려와 꽃송이를 감싼다. 설강화는 식물이 온도 자극에 대한 감응으로 구부러지는 성질인 항열성抗熱性, thermotropism을 가지고 있기 때문이다.

겨우내 얼어붙은 흙을 뚫고 올라오는 작지만 단단하고 야무진 설강화에는 또 다른 숨겨진 비밀이 있다. 설강화가 피는 계절에 온도가 영하로 떨어지면 설강화 잎은 동해를 입은 것처럼 시들하며 축 처졌다가 날씨가 풀리면 다시 싱싱하고 꼿꼿하게 선다. 설강화에는 AFPantifreeze protein라는 부동단백질이 있어 영하의 날씨에는 식물체 속에 얼음결정을 만들어 동해를 입지 않도록 방지하는 역할을 한다. 제1차 세계대전의 혹독한 영하의 날씨에 얼어붙은 탱크를 설강화 구근으로 문질러 얼음을 제거했다는 이야기도 있다.

혹독하게 추운 겨울이 다 지나기도 전 새하얀 눈을 뚫고 피어나는 설강화의 강인함은 많은 작가들이 희망을 노래할 때 사용하는 단골 소재이기도 하다. 체코의 문호 카렐 차페크는 '아무리 지혜로운 나무나 명예로운 월계수라고 해도 찬 바람에 하늘거리는 창백한 줄기에서 피어나는 이 꽃의 아름다움에는 견줄 수 없다'라며 설강화를 '봄의 메시지'라고 예찬하기도 했다.

차이코프스키는 설강화를 음악으로 표현하기도 했다. 차이코프스키가 러시아 모스크바 음악원 교수로 지낼 당시였다. 음악 잡지 〈누벨리스트〉에서 1~12월까지 매달 시를 제공할 테니 그에 어울리는 피아노 소품을 작곡해달라는 의뢰를 받았다. 이때 완성된 것이 그 유명한 차이코프스키의 '사계'다. 그때 작곡된 곡 중 '4월'은 설강화의 또다른 이름인 스노우드롭이었다. 유독 추운 러시아의 4월은 기온이 2~10도니 4월을 대표할 식물로 설강화가 떠오른 건 당연한 일이다. 차이코프스키에게 제공되었던 러시아의 서정시인 아폴론 마이코프의 시 '봄'의 내용은 다음과 같다.

4월 스노우드롭/ 푸르고 순결한 갈란투스 꽃/ 아마도 마지막이리/ 지나간 슬픔 위로 떨구는 마지막 눈물/ 그리고 다른 행복을 향한 첫 희망

차이코프스키의 사계 중 '4월'을 들어보면 작지만 강인한 아름다움을 갖고 있는 설강화가 알리는 겨울의 끝과 봄의 시작이 느껴지는 생기 넘치며 청명한 느낌의 곡이다. 유독 하얀 꽃을 좋아하는 나는 은방울꽃, 은방울수선, 설강화를 숲속에 사는 순백의 천사들이라 부르고 싶다. 말갛게 피어난 하얀 꽃

을 한참 들여다보고 있으니 내 마음 속에서 일렁이는 것들이 잔잔해지기 때문이다. 그들의 꽃말이 하나같이 순결, 순수, 희망, 위안인 것을 보니 사람의 마음은 다 거기서 거기인가 보다. 올해도 어김없이 숲속에 사는 순백의 천사들을 만나기 위해 그들이 피어나는 계절마다 여기저기를 누빌 예정이다. 눈과 마음을 정화시키듯 우두커니 서서 그 꽃들을 한참동안 멍하니 바라보고만 싶어진다.

32

살아 있는 화석
쇠뜨기

어릴 적 방학이 되면 전주 할아버지 댁에 놀러 가기를 손꼽아 기다렸다. 전주에 가면 내가 세상에서 제일 좋아하는 할아버지께 서예도 배우고, 함께 오목도 두고, 식사 후에는 어김없이 손잡고 산책하러 나가서 이런저런 재미난 이야기들을 들었다. 할아버지와 저녁 식사 후 집 뒷동산에 산책하러 나갔다가 뱀 허물을 본 적이 있다. 그때 할아버지께서 풀밭에 쇠뜨기가 많으면 뱀이 많다는 이야기와 함께 주변에 있는 뱀 머리처럼 생긴 특이한 식물을 알려주신 게 지금도 선명히 기억난다.

쇠뜨기는 여러해살이 양치식물羊齒植物, pteridophyta이다. 양치식물은 꽃과 씨앗이 없이 포자로 번식하고, 줄기에 물이 이동하는 물관부와 양분이 이동하는 체관부를 갖춘 관다발식물vascular plant을 말한다. 우리가 즐겨 먹는 고사

쇠뜨기 Horsetail

Equisetum arvense L.

수제 종이에 펜과 잉크, 20×20cm

기본 정보

학명	분포 지역	포자기
Equisetum arvense L.	사막을 제외한 북반구 전역	4~5월

영명	서식지	꽃말
Horsetail	길가 풀밭, 논두렁, 밭두렁	되찾은 행복

관련 단어

#포자식물

하와이 나무고사리Hapuu

Cibotium glaucum (Sm.) Hook. & Arn.

에칭, 15×19.8cm

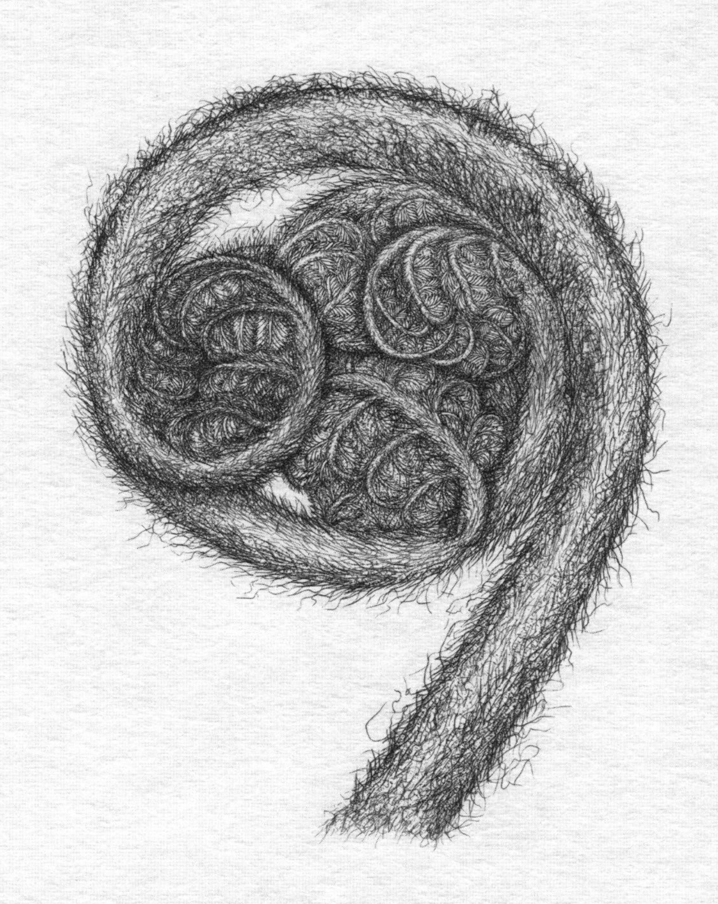

기본 정보

학명
Cibotium glaucum (Sm.) Hook. & Arn.

영명
Hapuu

분포 지역
하와이

서식지
해발 5000ft 이상의
습기가 많은 숲

꽃말
달성

관련 단어
#양치식물
#나무고사리

리도 양치식물이다.

쇠뜨기의 학명 *Equisetum arvense* L.에서 속명인 *Equisetum*은 라틴어로 '말'을 뜻하는 'equus'와 '억센 털'을 뜻하는 'seta'에서 유래되어 '말의 억센 털'이라는 뜻을 지니고 있다. 쇠뜨기의 영명이 horsetail이라고 불리는 것도 학명과 관계가 있는데, 실제 쇠뜨기의 초록색 영양줄기를 한 다발 움켜쥐면 말꼬리처럼 보이기도 한다.

분명 어릴 적 마주친 쇠뜨기는 뱀의 머리 같은 생김새였는데 학명에서 말하는 쇠뜨기의 모습은 말꼬리라니 도대체 어찌 된 일일까? 쇠뜨기는 트랜스포머처럼 때에 맞춰 자신의 형태를 바꾸는 특이한 식물이다. 정확히 이야기하자면 뱀 머리를 닮은 것은 연갈색 생식줄기이고 말꼬리를 닮은 것은 초록색 영양줄기로 생식줄기가 제 역할을 다하면 영양줄기가 나오는 것이다.

길이 10~30cm인 연갈색 생식줄기는 엽록체가 없어 이른 봄에 광합성을 하지 않는다. 포자체胞子體, sporophyte 줄기는 가지를 치지 않아 하나로 곧게 서서 자라며 그 끝에 2~4cm 길이의 뱀 머리를 닮은 긴 타원형의 포자낭이삭sporangium cone이 달린다. 뱀 비늘처럼 생긴 육각형의 포자엽들이 서로 밀착되어 있고 안쪽에는 7개 내외의 포자낭이 달린다. 각각의 포자에는 탄사彈絲, elater라고 불리는 4개의 끈이 달려 있는데 평상시에는 포자에 가만히 감겨 있던 탄사가 날씨가 건조해지면 움직이기 시작한다. 이른바 탄사가 습도의 변화에 따라 신축운동을 시작하는 것이다. 비가 오면 포자가 멀리 퍼지지 못하니 습도가 낮은 날이 되면 포자에 달린 탄사들이 펼쳐지며 포자 사이의 간격을 넓혀서 바람의 영향을 많이 받게 만든다. 모든 포자의 탄사가 동시에 펼쳐지면서 마치 튕겨 나가듯 바람개비 역할을 하며 바람을 따라 멀리 퍼진다.

널리 퍼진 포자들은 발아되면서 싹을 틔우고 전엽체前葉體, prothallium로 자란다. 전엽체에는 장정기藏精器, antheridium와 장난기藏卵器, archeogonium라는 암수 생식기가 생겨난다. 난자와 정자가 수정되면 영양줄기가 될 새싹이 나온다. 이처럼 유성생식을 거쳐 또다시 새로운 개체가 되어 생식줄기와 영양줄기를 내놓으며 무성생식을 거친다. 쇠뜨기처럼 생식 방식이 전혀 다른 세대가 번갈아 나타나는 현상을 세대교번世代交番, alternation of generations이라고 한다.

생식줄기는 포자를 퍼트리고 제 역할을 마친 후 사라지며 광합성이 가능한 초록색 영양줄기가 무성하게 올라오기 시작한다. 뒤늦게 올라온 영양줄기는 키가 30~40cm, 지름이 2~4mm의 속이 빈 줄기에 6~10개의 세로 능선이 있다. 마디에 능선의 수와 동일한 수의 가지와 엽초葉鞘, leaf sheath가 돌려난다. 엽초는 5mm 길이로 끝이 뾰족한데, 끝에 암갈색의 치편teeth은 2mm 정도의 길이다. 마디에서 갈라진 가지에도 3~4개의 세로 능선이 있다. 마디마다 비늘 같은 잎이 난다.

쇠뜨기의 영양줄기를 잡아당기면 속이 빈 원줄기에서 쉽게 잎이 분리되기 때문에 쇠뜨기를 땅에서 제거하려고 잡아 뜯는 것은 별 소용이 없다. 쇠뜨기의 뿌리줄기는 무려 1.8m 깊이로 땅을 파고 들어가기 때문에 한 번 생기면 금세 퍼져 나가 쇠뜨기 천지가 되는 건 일쑤다. 농경지에 자주 등장해 골칫거리인 쇠뜨기는 제초하기가 여간 어려운 일이 아닐 수 없다. 쇠뜨기는 생명력이 강하기로 유명하다. 일본 히로시마에 원자폭탄이 떨어져 폐허가 된 이후에도 가장 먼저 등장한 식물이 쇠뜨기라고 한다.

공룡이 살기 훨씬 이전인 약 3억 6천만 년 전부터 3억 년 전 고생대 석탄기 동안에는 지구의 대부분을 양치식물이 차지했다. 양치식물은 습도가 매우 높았던 석탄기에 매우 적합한 식물이었다. 그 당시의 양치식물 중 절반을 차지하던 석송류는 현재의 열대우림의 나무들처럼 넓은 밑동과 큰 키를 지녔다고 한다. 지금의 몸집과는 비교가 안 될 정도의 대형 양치식물들이 무성한 숲을 이루며 무한할 것처럼 번식했다. 그러나 지구의 기후가 건조해지며 거대한 숲을 이루던 양치식물은 시들어가며 급기야 쓰러지기 시작했다. 우리가 현재 사용하는 석탄의 대부분은 석탄기가 끝나며 쓰러진 양치식물이 공기와 차단되어 땅에 묻혀서 암석으로 변한 것이다.

관다발식물인 양치식물은 몸체를 단단하게 만들어 조직을 지지하기 위해 중요한 구조 물질인 리그닌Lignin을 형성하는데 석탄기에는 양치식물의 리그닌을 분해할 미생물이 존재하지 않았기 때문에 지금의 석탄으로 남을 수 있었다. 관다발식물 속새목 속새과인 쇠뜨기는 백악기에는 초식공룡들의 먹이로 각광받던 속새*Equisetum hyemale*의 후손이다.

인간이 이 땅에 등장하기 훨씬 이전의 식물을 마주할 수 있다는 자체가 살아 있는 화석을 보는 느낌이다. 그래서 매번 쇠뜨기를 만날 때마다 석탄기 시대에 양치식물이 무성했던 그 옛날 지구의 모습을 상상해 보곤 한다. 한번 살고 말 인생이지만 잡초처럼 살아도 누군가를 위해 단 한 번은 뜨거웠을 살아 있는 화석 쇠뜨기의 생애가 참 위대해 보이기까지 한다. 지구의 환경을 해치며 문명의 발전만을 위해 이기적으로 살아온 인간이 작은 쇠뜨기보다 못한 존재로 남지 않기를 바랄 뿐이다.

33

자기 복제
참나리

따뜻한 봄이 지나 조금씩 날씨가 더워지면 기다려지는 풍경이 있다. 여린 연둣빛 잎이 짙은 초록으로 변해가고 무성해진 풀숲에는 하늘의 햇살을 한 줌 가져다 뿌린 것처럼 화사한 참나리들이 보인다. 참나리들이 눈에 띄기 시작하면 그제야 혼잣말로 "진짜 여름이 시작되었구나"라며 중얼거린다. 그러고는 온통 초록이 가득한 여름날에 청량감을 선물해 준 선명한 주황빛 참나리의 아름다운 모습들을 찍어대느라 바쁘다. 매년 여름만 되면 참나리 사진만 휴대폰 앨범에 한가득일 정도다. 고만고만한 초록색 풀들 속에서 키가 유독 큰 참나리는 꽃송이를 가득 품고 있어 시선을 뺏기에 충분하다.

백합과 식물인 참나리는 백합처럼 비늘줄기를 가지고 있다. 백합은 한자로 일백 백百, 합할 합合을 쓰는데 비늘줄기가 100개는 될 정도로 많다는 의미다. 실제 백합이나 참나리의 비늘줄기는 수많은 다육엽이 물고기 비늘 모양으로 겹겹이 쌓인 형태다. 하얗고 둥근 참나리의 비늘줄기는 지름이 5~8cm 정도로 약간의 단맛을 가지고 있다. 예로부터 참나리의 비늘줄기는 굽거나 쪄서 먹을 수 있어 텃밭에서 키웠다.

참나리는 다 자라나면 길이가 1~2m에 이른다. 어린줄기는 하얀 털로 덮여 있고 줄기는 커 가며 흑자색이 돈다. 표면에는 흑자색 점들이 다수 있다. 긴 줄기에는 짙은 녹색의 창끝 모양을 닮은 잎들이 많이 달리는데 폭은 5~15mm, 길이는 5~18cm로 평행맥을 지닌 잎이 어긋나기로 달린다.

7~8월이 되면 원줄기와 가지 끝마다 4~20개의 꽃송이가 달리는데 다들 한결같이 밑을 바라보고 있다. 마치 부끄러움이 많은 소녀처럼 얼굴을 숨기는 듯한 꽃송이들은 노란빛이 살짝 감도는 짙은 주황색을 띠고 있다. 잎사귀의 짙은 녹색과 대비되어 굉장히 싱그럽고 시원한 느낌을 주는 꽃송이는 꽃잎과 꽃받침이 뚜렷하게 구분되지 않는 화피 6장으로 구성된다. 바깥쪽 화피 3장은 안쪽 화피 3장보다 폭이 약간 좁다. 창 모양을 닮은 화피는 폭 1~2.5cm, 길이 7~10cm로 뒷짐을 진 것처럼 각각의 화피가 뒤로 젖혀져 있고 꽃잎 안쪽 아래에는 짧은 털이 달려 있다. 화피 안쪽에는 검은빛을 띤 자주색 반점이 무수히 많이 있는데, 이 특징적인 반점 덕분에 참나리의 영명이 Tiger lily이기도 하다. 우리나라에서도 호랑나리, 호피백합이라고 부르기도 했다. 마치 호랑이 무늬처럼 보이는 이 반점은 꽃가루 매개자들에게 이 꽃에는 꿀이 있다는 신호를 보내는 꿀점nectar guide, honey guide이다. 자외선 카메라 렌즈를 통해 세상을 보듯 벌들의 눈에는 이 꿀점이 매우 도드라지게 보인다고 한다.

참나리는 4.5~6.5cm 길이의 암술 1개와 그 아래쪽 1.5~2cm 정도 길이의 연두색 씨방이 있다. 암술을 둘러싼 수술은 총 6개이며 5~7cm 길이로 꽃 밖

참나리 Tiger lily

Lilium lancifolium Thunb.

종이에 연필, 36.4×51.5cm

기본 정보

학명
Lilium lancifolium Thunb.

영명
Tiger lily, Ester lily

분포 지역
한국, 일본, 중국 등

서식지
암벽, 제방 돌 틈, 양지

개화 시기
7~8월

꽃말
깨끗한 마음

관련 단어
#비늘줄기 #주아
#복제식물 #꿀점
#호랑나리

으로 길게 나오는데, 수술에 달린 꽃밥은 약 2cm 정도로 적갈색을 띤다. T자형의 수술은 호랑나비처럼 긴 입을 지닌 꽃가루 매개자들이 매달려 꿀을 빨기에 좋은 조건을 갖추고 있다. 이때 수술의 꽃밥은 수술대 끝에서 이리저리 움직일 수 있는 구조로 나비의 움직임에 따라 나비 몸 곳곳에 꽃가루를 묻히기에 수월하다. 온몸에 꽃가루를 묻힌 나비는 다른 꽃으로 날아가 참나리꽃의 수분이 이루어지도록 도움을 준다. 8월이 되면 길이 3~4cm로 긴 달걀 모양의 열매가 생기는데, 그 열매 안은 여러 칸으로 나뉘어져 종자들이 들어 있는 삭과蒴果, capsule다. 그러나 실질적인 생식 능력이 없는 경우가 많아 발아율이 높지 못하다.

열매를 통해 새로운 후손을 만드는 것이 시원치 않다면 참나리는 어떻게 계속 번식할 수 있었을까? 참나리는 자손 번식을 위해 한 가지 이상의 방식을 가지도록 진화됐다. 그중 한 가지 방법은 땅속에 있는 겹겹이 물고기 비늘처럼 쌓인 비늘줄기 조각이 떨어져 나가서 새로운 개체를 만드는 것이다. 또 하나의 매우 독특한 방식은 참나리의 줄기와 잎겨드랑이 사이에서 그 실마리를 발견할 수 있다. 참나리의 줄기와 잎겨드랑이 사이에는 짙은 갈색의 구슬 모양이 곳곳에서 보이는데 흔히 주아珠芽, bulbil, bulbel, bulblet, 구슬눈, 살눈 등 다양한 이름으로 불린다. 주아는 영양분을 저장한 다육질화 된 싹으로 보통 눈이 생기지 않는 부위에 생기는 싹인 부정아不定芽, adventitious bud이기도 하다. 식물들은 보통 날아다니는 꽃가루 매개체의 몸에 묻은 다른 꽃의 꽃가루가 암술머리에 닿아 수정을 이루고 씨앗을 만들어 자손을 퍼트린다. 이렇게 만들어진 씨앗은 다른 꽃의 유전자가 섞여 암술머리를 가지고 있던 모체와는 다른 유전자를 갖게 된다. 그러나 검은 콩처럼 생긴 참나리의 주아는 참나리의 씨앗이 아니고 모체와 유전자가 완벽히 동일한 복제품이다. 참나리는 꽃을 피기도 전에 주아를 만들어내고 꽃이 만개할 때 성숙한 주아를 떨군다. 동글동글한 주아는 모체인 참나리 주변 여기저기로 굴러가 넓게 퍼지며 참나리 군락이 계속 만들어지는 것이다.

보통의 식물은 씨앗을 얻기 위해 꽃을 피우고, 꽃가루 매개자를 기다리며, 꽃가루 매개자에 묻은 꽃가루가 다른 꽃에 날아가 수정이 되기를 기다려야 한다. 하지만 사람도 접근하기 힘든 암벽 틈처럼 척박한 환경에서 자라는 참나리에게는 보통의 다른 식물들처럼 씨앗을 번식시키기 위해 쏟는 에너지보다 자신을 완벽히 닮은 자연 복제품인 주아를 새로운 개체로 내놓는 편이 번식에 더욱 유리했을 것이다. 그리고 단단한 암벽 틈으로 주아를 떨어트려 뿌리를 내리고 번식해 왔을 것이다.

주어진 환경에서 적극적인 방식으로 자신만의 번식 방법을 찾아낸 참나리는 여기저기 멋진 군락을 만들며 지금까지 번성해왔다. 아무리 가진 것이 없는 척박한 환경에서도 기어이, 기어코, 마침내 자신만의 방식을 찾아 멋지게 군락을 이루며 살아가는 참나리의 모습에 박수를 보낸다.

34

우후죽순
왕대

대왕판다 푸바오는 전국이 떠들썩할 정도로 엄청난 사랑을 받아 왔다. 푸바오가 땅에 철퍼덕 주저앉아 쉬지 않고 대나무를 먹는 모습을 보고 있자면 절로 미소가 지어진다. 대왕판다의 주된 일과 중 하나는 먹는 일이다. 하루 평균 16시간 동안 20~40kg의 대나무를 먹는 까닭에 그들의 주요 서식 장소는 대나무가 우거진 1800~4000m의 산지 숲속이다.

대나무는 숲을 이루면서 자라는데 땅속으로 넓게 퍼지는 땅속줄기에서 계속 새순이 나오기 때문에 군락으로 자라나 커다란 대나무숲을 이룬다. 5월 중순에서 6월 중순 무렵 산비탈에 넓게 퍼진 땅속줄기에서 어리고 연한 싹이 여기저기서 솟아난다. 대나무의 어린싹은 얼룩덜룩한 물고기 비늘 모양의 죽피竹皮로 덮여 있고 털이 없다. 이것이 우리가 다양한 요리에 식자재로 사용하는 죽순이다. 어떤 일이 한때에 많이 생겨난다는 뜻을 지닌 우후죽순雨後竹

왕대 Giant timber bamboo

Phyllostachys bambusoides Siebold & Zucc.

종이에 연필, 21×29.7cm

기본 정보

학명

Phyllostachys bambusoides
Siebold & Zucc.

영명

Giant timber bamboo,
Hardy timber bamboo

분포 지역

한국 남부, 중국

서식지

토양의 깊이가 깊고
양지바른 비옥한 땅

개화 시기

6~7월

꽃말

절개, 지조, 인내

관련 단어

#대왕판다먹이 #죽순
나무아닌풀 #방품림

筍이라는 사자성어는 비가 온 뒤 사방천지에서 대나무의 죽순이 솟아나는 모양을 보고 만들어진 것이다. 죽순은 100g당 단백질 3.5g을 함유한 고단백 식품으로 대왕 판다가 육식을 하지 않고도 충분한 단백질을 흡수할 수 있는 비결이 죽순에 있다. 대왕판다는 신선한 죽순을 찾아 해발이 높은 곳에서 낮은 곳으로 이동하며 지내는데 야생 판다의 서식지인 쓰촨 자이언트판다 보호구역에서는 4~7월, 판다의 먹거리 보호를 위해 죽순 채취 금지령을 내린다.

대나무는 인류에게도 오랜 사랑을 받아왔다. 대나무는 추운 겨울에도 푸른 잎을 유지하는 모습 때문에 매화, 난초, 국화와 함께 사군자라 하여 옛 선비들의 시조에 자주 등장하는 단골 이야깃감이었다. 우리가 흔하게 사용하는 죽마고우竹馬故友, 파죽지세破竹之勢 등의 사자성어도 대나무에 관한 이야기다. 죽마고우는 장난감이 없던 옛날에 대말이라고 해서 아이들이 잎이 달린 긴 대나무를 가랑이에 끼우고 말 타는 시늉을 한 것에서 유래되었다. 어릴 적부터 함께 놀며 자란 벗을 뜻하는 말이다. 파죽지세는 대나무를 쪼개는 기세라는 뜻이다. 적을 거침없이 물리치고 쳐들어가는 기세를 가리키는 사자성어로 중국 진나라의 기록을 담은 역사서인 《진서晉書》의 두예전杜預傳에 나온 말이다.

우리가 잘 안다고 생각했던 대나무에 대한 아주 흔한 오해 두 가지가 있다. 첫 번째는 대나무라는 이름 때문에 흔히 나무라고 생각하지만, 사실 왕대를 포함해 대나무라 불리는 것들은 화본목볏과의 외떡잎식물로 나무가 아닌 풀이다. 여러 가지 잡곡과 견과류를 대나무 토막에 넣고 지은 대통밥을 떠올려 보자. 중심이 텅 비어 있는 대나무 줄기는 분명 나무 줄기와는 사뭇 다르다. 나무는 매년 부름켜형성층, cambium라고 불리는 조직이 부피생장을 하기 때문에 계속해서 줄기가 두꺼워지고 그때마다 나이테가 생겨난다. 그래서 나무의 단면을 잘라보면 그 나무의 역사를 볼 수 있다. 그러나 대나무는 나무가 아닌 풀이기 때문에 제아무리 오래된 줄기라도 나이테는 구경도 할 수 없을 뿐더러 한 번 성장하면 더 이상 줄기가 두꺼워지지 않는다.

두 번째 오해는 우리가 흔히 말하는 대나무는 한 가지 종류의 식물을 특정하는 단어가 아니라는 점이다. 대나무는 화본목볏과*Gramineae* 대나무아과*Bambusoideae*에 속하는 여러 종류의 식물을 망라해 부르는 말로 102속 1250여 종이 존재한다. 우리가 익히 참나무라고 부르는 것도 마찬가지로 특정 종을 지칭하는 말이 아니라 참나무과 참나무속에 속하는 여러 나무를 아우르는 명칭이다.

습기가 많은 열대지방에서 잘 자라는 대나무는 대략 19종이 우리나라 중부 이남과 제주도에 주로 분포되어 있다. 우리나라의 대표적인 대나무라고 불리는 왕대는 남부지방의 농촌 마을 산비탈에서도 흔하게 찾아볼 수 있다. 보름에 걸쳐 키가 20m까지 자라나는 왕대는 바람이 불면 휘어질망정 부러지지 않아 마을 뒤쪽에서 부는 북풍을 막아주는 방풍림 역할을 했다. 대부분 식물은 줄기 끝에만 생장점이 있지만, 왕대와 같은 대나무들은 마디마다 생장점이 있어 빠른 성장이 가능하다. 왕대 줄기의 지름은 5~13cm이며 추운 곳에서 자라는 왕대의 경우는 키가 3m, 지름이 1cm에 미치지 못하는 경우도 있다. 줄기의 마디 사이 간격은 40cm 정도이며 마디마다 움푹 파인 골을 중심으로 마디고리가 2개 있는데 위쪽 마디고리가 훨씬 돌출되어 있다. 각 마디에서 2~3개의 가지가 돋아나며, 가지 끝에 5~6개의 창을 닮은 잎이 달린다. 잎의 길이는 10~20cm, 폭이 1.2~2cm 정도로 잎 가장자리에 잔톱니가 있고 줄기를 감싸며 나오는 잎 기부에는 5~10개의 털이 나 있다.

왕대도 10여 년, 혹은 100년에 한 번 정도로 꽃이 피는데 흔한 일은 아니다. 심지어 꽃이 피고 나면 숲을 이루던 왕대들이 다 같이 고사하는 일이 발생한다. 땅속줄기로 모두 연결되어 무성생식을 통해 한 개체로부터 동일한 유전자가 복제된 왕대들은 큰 숲을 이루다 어느 날 유성생식을 위해 동시에 꽃을 피우고 나면 다 같이 말라죽는 것이다. 식물이 꽃을 피우기 위해서는 엄청난 영양분이 필요하다. 군락을 이룬 왕대들이 비슷한 시기에 꽃을 피우기 위해 토양의 영양분을 다 빨아들이면 땅에 남아 있는 영양분이 거의 남지 않게 된다. 결국 그 이후에 열매를 맺어 번식해야 하는 왕대가 먹을 수 있는 영양분이 땅에 남아 있지 않기 때문에 전부 다 말라 죽는다는 것이 유력한 설이다.

그럼에도 불구하고 대나무를 더 많이 심어 개체를 늘리는 일은 매우 중요하다. 대나무 한 그루의 연간 이산화탄소 CO_2 흡수량은 5.4kg에 이른다. 산림청 국립산림과학원의 연구 결과 대나무 6200그루가 이루는 대나무 숲 1헥타르는 연간 33.5t의 이산화탄소를 흡수하는데, 소나무 숲 1헥타르가 연간 흡수하는 이산화탄소 9.7t과 비교하자면 3배 이상 많은 양이다. 또한 인류가 지금까지 써온 화석연료를 대체할 친환경 바이오 에너지로 대나무가 각광받기 시작했다. 우리가 일상에서 사용하는 수많은 용품의 포장을 담당하는 종이조차도 대나무를 이용해 만든다.

일본 교토를 방문했을 때 일정 중 하루는 아라시야마에 있는 대나무 숲에 방문했다. 하늘에 맞닿을 것처럼 높이 솟아오른 대나무들이 끝없이 이어지는 숲길을 따라 걸으며, 바람에 흔들리는 대나뭇잎들이 서로 부딪쳐 내는 소리를 들었던 기억이 생생하다. 그 순간의 바람과 소리와 장면은 머릿속에 새겨 넣은 듯 깊이 기억되었다. 마음에 힘든 일이 있어 고요한 곳을 찾고 싶을 때마다 눈을 감고 지구가 인류에게 준 선물과도 같은 대나무 숲을 혼자 거닐어 보곤 한다.

35

극적인 순간

뱅크시아 프리오노츠

작업실에서 키우는 식물도 많지만 유독 꽃이 그리운 날에는 절화를 사기 위해 꽃시장에 간다. 꽃시장 문을 열고 꽃내음과 풀 내음이 뒤섞인 공기를 접하는 순간 기분이 달달해지면서 설레기 시작한다. '과연 어떤 운명의 꽃을 만날 수 있을까?' 하는 기대감으로 꽃시장을 찬찬히 들여다보면, 어느 순간 눈과 마음을 동시에 사로잡는 것을 발견하게 된다. 뱅크시아를 처음 만난 순간이 그랬다. 이렇게 특이하게 생긴 식물은 정체가 무엇인지 궁금해서 꽃을 파는 사장님께 여쭤보니 뱅크시아라고 친절하게 알려줬다. 생전 들어본 적도 본 적도 없는 특이한 뱅크시아를 무작정 사들고 작업실로 향했다. 마치 첫눈에 반한 이성을 만난 것처럼 도무지 눈을 뗄 수 없을 지경이었다. 그렇게 수채화의 주인공이 된 뱅크시아는 지금도 작업실 한 켠에 잘 말려진 상태로 보관 중이다.

영국의 식물학자 조지프 뱅크스Joseph Banks는 왕립협회장으로 42년을 재임하고 영국의 큐 왕립식물원Royal Botanic Gardens, Kew을 꾸민 큐레이터다. 그는 3년 동안 세계 일주를 하며 맞닥뜨린 다양한 식물을 동행한 화가들에게 그리게 했다. 당시 완성된 총 743개의 식물 그림 동판을 대영박물관에 기증했는데, 그 동판으로 만들어진 조지프 뱅크스의 사화집Florilegium에는 호주에서 그가 수집한 4가지 식물에 뱅크스의 이름을 붙였고 그것이 바로 '뱅크시아Banksia' 이름의 시작이 되었다.

호주의 대표 토종 식물 중 하나인 뱅크시아는 총 173종이 존재하는데 호주 남서부에만 60여 종이 분포되어 있다. 그림 속 뱅크시아 프리오노츠*Banksia prionotes*는 호주 남서부가 원산지인 식물로 키가 최대 10m까지 큰다. 기후가 따뜻하고 건조할 때는 다소 낮게 자라나는 경향이 있으며 얼룩덜룩한 회색 나무껍질이 있다. 1~2cm 너비, 15~30cm 길이의 진한 초록색 잎은 두께감이 상당하며 잎 가장자리는 마치 두터운 종이를 지그재그로 오려 낸 듯하다.

각각의 꽃봉오리는 길이 1.4~2cm, 지름 0.6~1.1cm로 뽀얀 면봉의 솜 부분처럼 크림색의 잔털이 있는 타원형의 모습을 지니고 있다. 크림색 꽃봉오리는 아랫부분부터 차례대로 개화한다. 꽃봉오리가 네 쪽으로 갈라지면서 휘어진 선형의 암술대 끝에는 오렌지색 암술이 길게 튀어나온다. 개화하기 시작하면 아랫부분은 오렌지색으로, 아직 개화가 시작되지 않은 부분은 크림색을 띠며 전체적인 형태가 마치 도토리를 거꾸로 세워놓은 듯 보인다. 뱅크시아 프리어노츠의 영명이 도토리 뱅크시아Acorn banksia인 까닭이 이해가 된다. 또한 크림색 꽃봉오리가 개화되면 그 안에 숨겨져 있던 오렌지색 암술이 모습을 드러낸다. 밑동에서부터 개화가 시작된 꽃봉오리들은 점차 오렌지 빛깔로 물들어가기 때문에 오렌지 뱅크시아Orange banksia라고도 불린다.

뱅크시아 프리오노츠의 꽃대는 수천 개의 꽃봉오리가 빽빽하게 자리 잡아 전체 길이 10~15cm, 지름 8cm 정도의 커다란 원통형의 꽃차례를 지탱하는데 유독 다른 식물들과는 비교가 안 될 만큼 매우 굵고 단단하다. 이렇게까지 단단한 꽃대를 갖게 된 첫 번째 이유로는 뱅크시아의 특별한 꽃가루 매개자들을 예로 들 수 있다.

뱅크시아의 원산지인 호주에는 다양한 토착 동물들이 존재한다. 그중에서도 독특한 꽃가루 매개자들은 뱅크시아와 각별한 사이를 맺게 된다. 호주 남서부에 사는 꿀주머니쥐Honey Possum는 유대류 중 유일하게 꿀과 꽃가루를 먹는다. 꿀주머니쥐의 몸길이는 6~9cm이며 몸무게는 6~18g 정도로 매우 작은 유대류 꽃가루 매개자다. 꿀주머니쥐의 혀 길이는 1.8cm로 혀 윗면이 짧고 빳빳한 털이 있어 꽃가루를 모으기가 수월하다. 야행성인 꿀주머니쥐는 해가 뉘엿뉘엿 넘어가기 시작하면 꿀을 찾아 뱅크시아꽃을 기어오르기 시작한다. 새벽까지 계속되는 꿀주머니쥐의 여정을 통해 자신의 몸 이곳저곳에 꽃가루를 묻히고 옮기며 꽃가루 매개자 역할을 한다. 뱅크시아는 이 작고 독특한 꽃가루 매개자인 꿀주머니쥐의 무게를 감당할 수 있을 만큼 튼튼한 꽃대를 준비해 놓은 것이다.

꿀주머니쥐를 비롯한 다양한 꽃가루 매개자들의 도움을 받아 수정을 이룬 뱅크시아는 씨앗을 품는다. 그러나 수천 개의 꽃송이들이 다 수정되는 것은 아니다. 대부분은 열매를 전혀 맺지 않고 말라가며 회색으로 변한다. 암술대 역시 떨어져 나가지 않고 그대로 털을 이루며 말라간다. 꽃차례 중 아주 일부만 열매를 맺는데 열매는 한 개의 봉합선의 중앙에 있고 매우 단단한 껍

뱅크시아 프리오노츠 Acorn banksia

Banksia prionotes

종이에 수채, 38×58cm

기본 정보

학명

Banksia prionotes

영명

Acorn banksia, Orange banksia

분포 지역

호주, 뉴질랜드

서식지

햇볕에 잘 들고 배수가 잘 되는 토양

개화 시기

2~6월

꽃말

강인함, 회복력

관련단어

#호주토종식물

#꿀주머니쥐

#골돌과

질로 싸여 있어 마치 조개껍질이 입을 다물고 있는 모습과 흡사하다.

한 개의 봉합선을 따라 두꺼운 열매껍질이 열리는 단단한 열매 형태인 골돌과follicle를 지닌 뱅크시아는 무거운 여러 개의 씨앗이 성숙하면 분리되지 않고 하나의 거대한 씨앗 뭉치들로 유지된다. 제법 두툼한 껍질을 지닌 열매 여러 개를 지탱할 만큼 굵고 튼튼한 꽃대를 갖출 수밖에 없었을 것이다. 이것이 바로 뱅크시아가 유난히 굵은 꽃대를 지닌 두 번째 이유이다.

보통 식물들은 씨앗이 무르익으면 모체 식물로부터 튕겨 나가거나 자연스레 분리되는 데 반해 뱅크시아의 골돌과는 저절로 열리는 것이 아니라 길게는 17년 동안 나무에 열매로 남아 매우 극적인 순간을 기다린다. 이 순간을 기다리는 오랜 시간 동안 뱅크시아는 씨앗을 안전하게 보호하기 위해 자가 치유의 방법을 지니고 있다. 비나 바람, 그 외 환경변화로 인해 골돌과에 갈라짐이 생기면, 그 안에 숨겨놓은 씨앗들이 손상될 수 있다. 이를 방지하기 위해 뱅크시아는 여름철 뜨거운 햇빛으로 지표면의 온도가 45~55도까지 오르면 목질화된 씨앗 뭉치에서 왁스 성분이 녹아 나와 골돌과에 생긴 상처들을 매우며 치유해 낸다.

자가 치유까지 해가면서 뱅크시아 프리오노츠가 오랜 시간 기다리는 극적인 순간이란 과연 무엇일까? 다름 아닌 산불이다. 호주에는 유칼립투스처럼 천연 기름 성분을 가진 식물이 유독 많다. 건조해지기 시작하는 봄과 여름이 되면 자연발화로 인해 광대한 숲을 태우는 산불이 거의 매해 일어난다. 호주의 이러한 특수 상황에 적응하며 오랜 시간 동안 진화해 온 뱅크시아는 산불이 나면 골돌과들이 조개 입을 벌리듯 열리면서 씨앗들을 밖으로 내보낸다. 얇은 날개를 가지고 있는 삼각형 모양의 뱅크시아 씨앗은 바람을 타고 멀리 퍼져서 다른 식물들이 타고 남은 부드러운 잿더미 속에 쉽게 파묻히게 되고 햇빛으로부터 씨앗을 보호하며 새싹을 틔우게 되는 것이다.

17년의 기다림 끝에 뜨거운 불길에 휩싸여야만 열매를 터트릴 수 있는 뱅크시아를 보며 생각해 본다. 인생을 살면서 성급한 마음으로 눈앞에 보이지 않는 성과 때문에 초조한 적은 없었는지를. 살면서 더 뚜렷해지는 생각은 사람은 모두 각자의 열매를 터트리는 시각이 다르다는 점이다. 17년간 묵묵히 불을 기다리는 뱅크시아 열매처럼 자신의 때를 기다리면서 뱅크시아처럼 자신을 보살피며 묵묵히 그 시간을 인내로 견뎌내는 건 어떨런지.

식물 용어 사전

- 곁눈(측아, 側芽, lateral bud): 줄기의 옆쪽에 생기는 눈.
- 근연종(近緣種, aliied species): 생물의 분류에서 유연관계가 깊은 종류.
- 꽃눈(flower bud): 자라서 꽃이나 화서가 될 싹. 잎눈보다 굵고 크다.
- 꽃받침조각(악편, 萼片, sepal, calyx lobe): 식물의 꽃받침을 이루는 아주 작은 조각.
- 꽃밥(anther): 식물의 수술 끝에 붙은 화분과 그것을 싸고 있는 화분낭을 통틀어 이르는 말.
- 꽃싸개잎(bract): 꽃자루 밑에 있는 비늘 모양의 잎으로 잎의 크기가 작아져서 그 형태가 보통의 잎과 달라진 것.
- 꽃자루(화병, 花柄, peduncle): 꽃이 달리는 짧은 가지.
- 꽃차례(화서, 花序, inflorescence): 꽃이 붙는 줄기 부분 전체 또는 꽃의 배열방식으로 식물의 종류에 따라 일정한 양식이 각기 다르다.
- 꿀샘(밀선, 蜜腺, nectary): 꽃이나 잎 따위에서 단물을 내는 조직이나 기관.
- 내화피편(內花被片, inner petal): 화피가 두 겹일 때 안쪽에 있는 것, 내화피라고도 부른다.
- 막질(膜質, membranous): 얇은 종이처럼 반투명한 막의 재질.
- 무성생식(無性生殖, asexual reproduction): 암수 배우자의 융합 없이 이루어지는 생식. 개체가 갈라지거나, 싹이 나거나 땅속줄기에서 나와 두 개 이상의 새로운 개체를 만드는 것으로, 단세포 생물과 식물에서 흔히 볼 수 있다.

- 부정아(不定芽, adventitious bud): 어떤 이유로 꼭지눈이나 곁눈의 자리가 아닌 잎면이나 뿌리의 일부, 그 밖에 원래는 눈이 생기지 않는 기관(器官)이나 조직에서 나오는 눈이다.
- 분얼(分蘖, tiller, tillering): 화본과 식물 줄기의 밑동에 있는 마디에서 곁눈이 발육하여 줄기, 잎을 형성하는 일.
- 분화(分化, differentiation): 세포가 분열하여 만들어진 딸세포들이 원래의 모세포와 다른 기능을 얻는 현상.
- 생식줄기(생식경, 生殖莖): 쇠뜨기에서 포자낭수(胞子囊穗)가 달리는 줄기.
- 세대교번(世代交番, alternation of generations): 무성생식을 하는 무성세대와 유성생식을 하는 유성세대가 번갈아 나타나는 현상.
- 수매분산(水媒分散, hydrochory): 포자가 물에 의해 퍼져가는 현상.
- 수분(受粉, pollination): 종자식물에서 수술의 화분(花粉)이 암술머리에 옮겨 붙는 일. 바람, 곤충, 새, 또는 사람의 손에 의해 이루어진다.
- 심피(心皮, carpel): 속씨식물에서 암술을 구성하는 잎의 형태로 내부의 밑씨를 감싸고 종자가 성숙하는 데 따라 생장하여 열매껍질이 된다.
- 안갖춘꽃(불완전화, 不完全花, incomplete flower, imperfect flower): 꽃받침, 꽃잎, 수술, 암술 중 하나라도 완전히 갖추지 못한 꽃.
- 암수딴그루(dioecy) 암꽃과 수꽃이 각각 다른 그루에 있어서 식물체의 암수가 구별됨을 뜻함.
- 암술대(화주, 花柱, style): 속씨식물에서 암술머리와 씨방을 연결하는 부분. 둥근 기둥 모양으로 되어 있으며, 정받이할 때 꽃가루가 씨방으로 들어가는 길이 된다.
- 암술머리(주두, 株頭, stigma): 속씨식물에서 암술의 꼭대기에 있어 꽃가루를 받는 부분.
- 어린잎: 새로 나온 연한 잎.
- 엽초(葉鞘, leaf sheath): 줄기를 감싸고 있는 잎의 아랫부분.
- 영양줄기(영양경, 營養莖): 식물의 생명을 유지시키는 영양 활동을 하는 잎 등이 달리는 줄기.
- 원줄기(주간, 主幹, main stem, main culm): 가장 먼저 생겨나 근본을 이루는 줄기.

- 원추꽃차례(원추화서, 圓錐花序, panicle): 꽃차례가 가지를 치며 가지에 꽃자루가 있는 꽃이 달리는 것으로 밑부분의 가지일수록 길기 때문에 전체가 원뿔형이다.
- 유성생식(有性生殖, sexual reproduction): 암수의 두 배우자가 합일한 접합체에서 새로운 생명체가 발생하는 생식법.
- 이삭(spike): 벼, 보리 따위 곡식에서, 꽃이 피고 꽃대의 끝에 열매가 더부룩하게 많이 열리는 부분.
- 잎눈(leaf bud): 자라서 줄기나 잎이 될 눈. 꽃눈보다 가늘고 작다.
- 잎맥(엽맥, 葉脈, vein): 식물의 잎에 있는 관다발로 잎 속의 양분과 물의 이동 통로.
- 잎자루(엽병, 葉柄, petiole): 잎몸을 줄기나 가지에 붙게 하는 꼭지 부분. 수분과 영양분을 옮기는 수송로이자 잎을 햇빛의 방향으로 향하게 한다.
- 장난기(藏卵器, archeogonium): 양치식물의 한 기관으로 전엽체(배우자체)에서 분화하여 난세포가 만들어지는 자성생식(雌性生殖, gynogenesis)기관.
- 장정기(藏精器, antheridium): 선태식물, 양치식물 따위에서 정자를 만들고 간직하여 두는 기관. 대개는 타원형의 주머니 모양이고 다세포로 되어 있다.
- 전엽체(前葉體, prothallium): 양치식물의 홀씨가 싹 터서 생긴 배우체. 넓고 편평한 잎 모양으로 초록색을 띤다. 이것에 장정기와 장란기가 생기고 난세포와 정자가 결합하여 양치류가 된다.
- 종소명(種小名, epithet): 생물의 학명을 이명법으로 표시할 때 속명에 이어지는 제이어로서 그 종 자체의 이름.
- 주맥(主脈, main vein): 잎사귀의 가장 굵은 잎맥.
- 주아(珠芽, bulbil, fleshy bud): 자라서 줄기가 되어 꽃을 피우거나 열매를 맺는 싹. 어떤 경우든지 영양분을 저장하여 다육질화한 눈으로 모체에서 떨어져 영양번식을 한다.
- 초상엽(鞘狀葉, sheathy leaf): 칼집 모양으로 생긴 잎.
- 총상꽃차례(총상화서, 總狀花序, raceme): 긴 꽃대에 꽃자루가 있는 여러 개의 꽃이 어긋나게 붙어서 밑에서부터 피기 시작하여 끝까지 핀다.
- 치편(齒片, teeth): 엽초의 가장자리 갈라진 부분.
- 턱잎(탁엽, 托葉, stipule): 잎자루 밑에 붙은 한 쌍의 작은 잎. 눈이나 잎이 어릴 때 이를

보호하는 구실을 한다. 쌍떡잎식물에서 흔히 볼 수 있으며 종에 따라 외부 형태, 조직 구조, 발생 위치, 수 따위가 다르다.

- 통꽃(sympetalous flower): 꽃잎 전체가 서로 붙어 있어 한 개의 꽃잎을 이루거나 밑동 부분이 서로 붙어 있는 꽃.
- 평행맥(平行脈, parallel vein): 가운데 잎줄이 따로 없고 여러 잎줄이 서로 나란히 달리는 것으로 나란히맥이라고도 부른다.
- 포엽(苞葉, bract): 꽃이나 눈을 보호하는 변형된 잎의 일종.
- 포자낭이삭(포자낭수, 胞子囊穗, sporangium cone, strobilus): 홀씨를 달고 있는 잎 여러 장이 이삭 모양으로 모여 있는 것.
- 포자체(胞子體, sporophyte): 포자를 만들어 무성생식을 하는 세대의 생물체.
- 호영(護穎, empty glume, lemma): 벼 낟알의 바깥을 싸고 있는 한 쌍의 받침껍질로 이것이 성숙하면 쌀을 감싸고 있는 왕겨가 된다.
- 화분(花粉, pollen): 수술의 꽃밥 속에 생기는 가루 같은 생식세포.
- 화피(花被, perianth): 일반적으로 꽃부리와 꽃받침의 구별이 없는 경우, 이 둘을 통틀어 이르는 말. 넓은 뜻으로는 꽃부리와 꽃받침을 통틀어 이르는 말로, 암술과 수술을 둘러싸서 보호하고 있는 부분을 이른다.

식물이라는 세계

1판 1쇄 인쇄 2024년 3월 27일
1판 1쇄 발행 2024년 4월 24일

지은이 송은영

발행인 양원석 **책임편집** 차선화
디자인 강소정, 김미선 **영업마케팅** 윤우성, 박소정, 이현주, 정다은, 박윤하

펴낸 곳 ㈜알에이치코리아
주소 서울시 금천구 가산디지털2로 53, 20층(가산동, 한라시그마밸리)
편집문의 02-6443-8861 **도서문의** 02-6443-8800
홈페이지 http://rhk.co.kr
등록 2004년 1월 15일 제2-3726호

ISBN 978-89-255-7511-7 (03480)